「GR-LYCHEE」
（ジーアール・ライチ）

ではじめる
電子工作

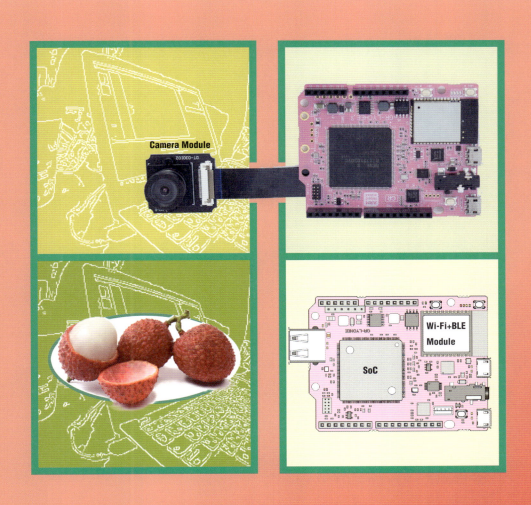

はじめに

　本書は、「カメラ」と「無線」を使った「プロトタイピング」を簡単に始めることができるボード、「GR-LYCHEE」(ジーアール・ライチ)の、初心者向け解説書です。

　「プロトタイピング」(prototyping)とは、"創りたいものを短時間で試作する"ことです。

＊

　電子工作や、システム開発向けの「カメラ」は数多くあり、その選定をすることから、実際に動かして画像を処理するまで、ハードとソフトの専門的な知識と、作り込みの時間が必要です。

　「GR-LYCHEE」には(株)シキノハイテック製の高品質な「産業カメラ」が標準で同梱されているほか、カメラの画像処理が簡単にできる「OpenCV」も実行可能になっており、豊富なサンプルプログラムによって、「プロトタイピング」を簡単にします。

　「GR-LYCHEE」は、(株)コアで開発された国産の製品です。

　ルネサス エレクトロニクス(株)製プロセッサ「RZ/A1LU」のほか、「Wi-Fi/BLEコンボモジュール ESP-WROOM-32」「音声入出力ジャック」「SDカードスロット」「液晶パネルコネクタ」を搭載しており、「カメラに＋α」のインテリジェンスを組み込めるボードとなっています。

＊

　本書では、「GR-LYCHEE」の基本的な機能や使い方のほかにも、ウィンボンド・エレクトロニクス(株)製「セキュア対応フラッシュメモリ」の解説、ベトナム Gnomons 社が開発した「顔検出デモプログラム」の解説、そして「カメラの仕組み」に至るまで、幅広い知識を習得できます。

　「創りたい！」から「造れる」へ、読者諸氏が夢ある楽しいものづくりをする際の参考になれば幸いです。

GADGET RENESASプロジェクト

新野　崇仁／渡會　豊政／加藤　大樹／岡宮　由樹
佐藤　潤／小野　真人／御手洗　新一

「GR-LYCHEE」ではじめる電子工作

CONTENTS

はじめに……………………………………………………………………… 3

第1章　ハード編
[1-1]　「GR-LYCHEE」について………………………………………… 7
[1-2]　「GR-LYCHEE」の機能…………………………………………… 13

第2章　ソフト編
[2-1]　「Mbed」とは……………………………………………………… 24
[2-2]　「GR-LYCHEE」を動かしてみる………………………………… 28

第3章　無線接続編
[3-1]　「無線接続」の概要………………………………………………… 57
[3-2]　「Wi-Fi」を使う……………………………………………………… 61
[3-3]　「BLE」を使う……………………………………………………… 71

第4章　コンピュータビジョン編
[4-1]　「OpenCV」の概要………………………………………………… 83
[4-2]　画像加工…………………………………………………………… 85
[4-3]　顔検出……………………………………………………………… 96

第5章　「W74M」セキュア認証フラッシュメモリ
[5-1]　「認証技術」の概要………………………………………………… 102
[5-2]　アンチ・クローニング、機器認証、通信系の認証…………… 109
[5-3]　想定されるアプリケーション…………………………………… 113
[5-4]　「GR-LYCHEE」+「W74M」による認証デモアプリケーション …… 115

第6章　カメラの仕様
[6-1]　「KBCR-M04VG-HPB2033」について ………………………… 123
[6-2]　「KBCR-M04VG-HPB2033」の機能……………………………… 125
[6-3]　「KBCR-M04VG-HPB2033」のスペック………………………… 126
[6-4]　「絵が映る仕組み」と「カメラ用語」……………………………… 129
[6-5]　キレイに撮影するために知っておきたいこと………………… 135

附　録
【附録A】「クラウド」への接続………………………………………… 140
【附録B】Arduinoスケッチ……………………………………………… 145
【附録C】その他の「GRリファレンス・ボード」……………………… 150

索引 …………………………………………………………………………… 157

●Arm、Mbed、Cortex は、米国またはその他の国における、Arm Limited、およびその子会社の登録商標です。
●各製品名は登録商標または商標ですが、®および TM は省略しています。

第1章

ハード編

この章では「GR-LYCHEE」の概要と、搭載されているCPU「RZ/A1LU」の特徴や機能を解説します。

1-1　「GR-LYCHEE」について

■「GR-LYCHEE」とは？

　「GR-LYCHEE」(ジーアール・ライチ)は、半導体メーカー「ルネサス エレクトロニクス」社製のCPUである「**RZ/A1LU**」(Arm Cortex-A9コア採用)を搭載し、「Arduino互換」の拡張コネクタをもった、「Cortex-A9コア Mbed対応ボード」です。

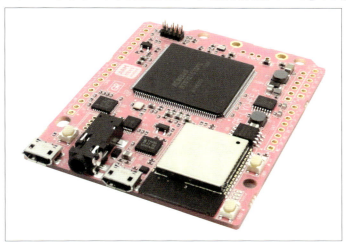

図1-1-1　GR-LYCHEE

■ 何ができるのか

　IoTデバイスの開発プラットフォームである「Mbed」(エンベッド)※に対応。
　インターネット接続ができて、Webブラウザが使えるデバイス(「PC」や「タブレット」「スマートフォン」など)があれば、どこでもソフトの開発ができます。
　専用の「デバッグ・ツール」を用意する必要もありません。

　　※Arm社が開発したプロトタイピング用のマイコンボードと、その開発環境の総称。

第1章　ハード編

　また、「GR-LYCHEE」と「PC」などの開発デバイスをUSBでつないで、コンパイルしたファイルをコピーするだけで、作ったソフトを「GR-LYCHEE」側に書き込むことが可能です。

　このほかにも、「Arduino互換拡張コネクタ」をもつことで、「Arduino」の資産を流用でき、また、「付属カメラ用コネクタ」「LCDコネクタ」を使って、「RZ/A1LU」がもつ独自のインターフェイスを利用することも可能です。

■「GR-LYCHEE」の特徴

　「GR-LYCHEE」は前述の通り、「ルネサス エレクトロニクス」の「RZ/A1LU」という「Arm Cortex-A9コア」を採用した、高性能なCPUを使っています。

　「Arm Cortex-A9コア」は「Arm Cortex-M系コア」のような、いわゆる「マイコン」と呼ばれるCPUとは一線を画し、多機能かつ高機能であり、タブレットやスマートフォンなどで扱われる「アプリケーション・プロセッサ」の部類に属します。
　「アプリケーション・プロセッサ」は、「画像」や「音声」など、マルチメディア関する有用な機能を容易に扱うことが可能です。

＊

　「GR-LYCHEE」は、後述する機能を利用することで、1枚のボードで「撮る」「つながる」「(音を)聴く/発する」「(絵を)映す」ができます。
　名刺大の小さな基板には「無線コンボ・モジュール」「3個のUSBコネクタ」「SDカードスロット」「音声入出力用ミニジャック」「カメラ・コネクタ」「LCDコネクタ」「Arduino互換拡張コネクタ」が詰め込まれています。

　さらに、ソフト格納用として高速アクセス可能な「SPIマルチI/Oインターフェイス」接続の「セキュア対応大容量SerialFLASH ROM(8MB)」を搭載しており、たいていのことは機能を拡張することなく対応が可能です。
(「セキュア対応Serial FLASH ROM」の詳細に関しては、別項で説明します)。

　また、「GR-LYCHEE」の最大の特徴として、シキノハイテック社の小型高性能な「30万画素カメラ・モジュール」を標準で付属。
　「専用ライブラリ」を使うことでカメラ映像を取り込み、加工することで画像認識処理が簡単にできます。
(「付属カメラ」の詳細に関しては、別項で説明します)。

> ※「カメラ」「LCD」の利用時は、「Arduinoコネクタ」と共有ピンがあるので注意。

8

[1-1] 「GR-LYCHEE」について

■「GR-LYCHEE」の構造

では「GR-LYCHEE」の主な搭載部品を見ていきましょう。

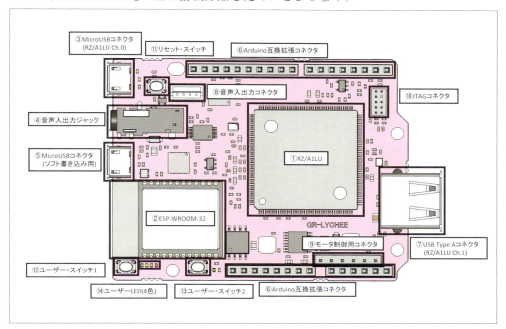

図1-1-2　GR-LYCHEE（表面）

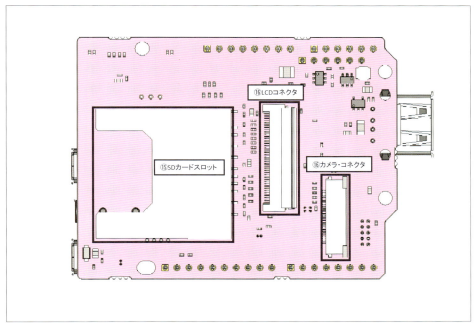

図1-1-3　GR-LYCHEE（裏面）

第1章 ハード編

① RZ/A1LU

「Arm Cortex-A9 コア」搭載の 32bit 高速 CPU(詳細は後述)。

② 無線コンボ・モジュール (ESP-WROOM-32)

「Wi-Fi」と「Bluetooth/BLE」の機能をもつ「無線コンボ・モジュール」。
「RZ/A1LU」からは、「UART」「SPI」「I^2C」で制御可能。

③ MicroUSB コネクタ (RZ/A1LU Ch.0 接続)

「RZ/A1LU」につながる「USB2.0」コネクタ。
「Function 機能」になる。

④ 音声入出力用ミニジャック

「ステレオ出力」「モノラル MIC 入力」が可能な、「3.5φミニジャック」。
使用可能なプラグは、「CTIA 規格」になる。

⑤ MicroUSB コネクタ (ソフト書き込み)

PC などの開発デバイスと接続するためのコネクタで、作ったソフトを「GR-LYCHEE」に書き込むときに利用する。

「GR-LYCHEE」は、開発デバイス上では「USB メモリ」のように扱われる。

⑥ Arduino 互換拡張コネクタ

「Arduino 対応シールド」を取り付けて、機能を拡張できる。

※本コネクタ(ピンソケット)は、初期状態では未実装。
　標準ピンソケットは付属しているので、必要であれば付けてください。

⑦ USB Type-A コネクタ (RZ/A1LU Ch.1 接続)

「RZ/A1LU」につながる「USB2.0」コネクタ。
「Host 機能」になる。

※本コネクタは、初期状態では未実装。

⑧ 音声入出力用コネクタ

「音声入出力ミニジャック」と同じ信号がつながっている。
コネクタを介して外部に接続するときに利用。

※本コネクタは、初期状態では未実装。

[1-1] 「GR-LYCHEE」について

⑨モータ制御用コネクタ

「マイクロ・サーボモータ」が接続可能なコネクタ。

最大2chの「マイクロ・サーボモータ」を制御できる。

※本コネクタは、初期状態では未実装。

⑩JTAGコネクタ

「RZ/A1LU」を、「Mbed機能」は使わず、直接デバッグするときに使う。

※本コネクタは、初期状態では未実装。

⑪リセット・スイッチ

「GR-LYCHEE」にリセットをかけるスイッチ。

⑫ユーザー・スイッチ1

プログラムで読み出せるスイッチ。

⑬ユーザー・スイッチ2

プログラムで読み出せるスイッチ。

⑭ユーザーLED

プログラムで制御できる4個の「単色LED」。

「赤」「オレンジ」「黄色」「緑」の4色が実装されている。

⑮SDカードスロット

「SDカード」を挿入することで、「SDカード」に読み書きすることができる。

また、「東芝」社製の「FlashAir SDHCメモリカード」も使える。

⑯LCDコネクタ

「汎用LCD」が接続できるコネクタ。

「RGB565」「RGB666」「RGB888」でのパラレル接続が可能。

※本インターフェイスの一部のピンは、「Arduinoコネクタ」と共有されているので、利用時は注意。

⑰カメラ・コネクタ

「付属カメラ」が接続できるコネクタ。

「YUV422(8Bit)」「ITU-656RGB(8Bit)」でのパラレル接続が可能。

※本インターフェイスの一部のピンは、「Arduinoコネクタ」と共有されているので、使用時は注意。

第1章 ハード編

■ 「RZ/A1LU」の特徴

以下に「RZ/A1LU」がもつ特徴を挙げておきます。

- ・最大動作周波数400MHz駆動の「Arm Cortex-A9コア」を採用（GR-LYCHEEでは、「384MHz」で動作）。
- ・最大400MHzで動く「L1キャッシュ」内蔵（命令32kB/データ32kB）。
- ・133MHzで動く「L2キャッシュ」内蔵（128kB）。
- ・映像表示/録画、ワーク領域用の「大容量RAM」を内蔵（3MB）。
- ・外部メモリ(8bit/16bit/32bit)が使用可能な「バスステート・コントローラ」（GR-LYCHEEでは使用不可）。

- ・5チャネルの「FIFO内蔵シリアルコミュニケーション・インターフェイス」（GR-LYCHEEはCh.0/2/3/4の4チャネルが使用可能）。
- ・2チャネルの「シリアルコミュニケーション・インターフェイス」（GR-LYCHEEでは使用不可）。
- ・3チャネルの「ルネサスシリアル・ペリフェラル・インターフェイス」（「GR-LYCHEE」は、「Ch.0/1/2」の3チャネルが使用可能）。
- ・1チャネルの「SPIマルチI/Oバスコントローラ」（GR-LYCHEEは、システム用SerialFLASH(8MB)で使っているため、ユーザーは利用できない）。
- ・4チャネルの「I^2Cバス・インターフェイス」（GR-LYCHEEは、「Ch.0/1/3」の3チャネルが使用可能）。
- ・4チャネルの「シリアルサウンド・インターフェイス」（GR-LYCHEEは、「Ch.0〜3」の4チャネルが使用可能）。
- ・サンプリングレート変換/デジタルボリューム＆ミュート/ミキサ機能。

- ・2チャネルの「CANインターフェイス」（GR-LYCHEEは、「Ch.1,2」の2チャネルが使用可能）。
- ・IEBusプロトコル準拠「IEBusコントローラ」。
- ・IEC60958規格適合「SPDIFインターフェイス(IN/OUT)」。
- ・「CD-ROMデコーダ」内蔵。
- ・1チャネルの「LINインターフェイス」。
- ・IEEE802.3のMAC層規格準拠「10/100BASE-Tイーサネットコントローラ」。
- ・IEEE802.3のMAC層規格準拠「EthernetAVB」（GR-LYCHEEでは使用不可）。
- ・NANDフラッシュメモリ・コントローラ。
- ・2チャネルの「USB2.0ホスト／ファンクション・モジュール」（GR-LYCHEEでは、「Ch.0」は「MicroUSBコネクタ」、「Ch.1」は「USB Type-Aコネクタ」にアサインされている）。

- ・1チャネルの「デジタルビデオ・デコーダ」。
- ・1チャネルの最大解像度「XGA(1024×768)ビデオディスプレイ・コントローラ5」。

- JPEGコーデックユニット内蔵。
- 最大解像度2560×1920の「キャプチャエンジン・ユニット」。
- 1チャネルの「ピクセルフォーマット・コンバータ」。
- 2チャネルの「SDホストインターフェイス」（GR-LYCHEEは、「Ch.0」の1チャネルが使用可能）。
- MMCホストインターフェイス（GR-LYCHEEでは使用不可）。
- 8チャネルの「12bit分解能A/D変換器」（GR-LYCHEEは、「Ch.2～7」の6チャネルが使用可能）。

1-2 「GR-LYCHEE」の機能

次に、「GR-LYCHEE」がもつ機能を見ていきましょう。

■ LED/スイッチ

「GR-LYCHEE」には、「電源LED（緑）」と「4色（緑/黄/オレンジ/赤）のユーザーLED」の5個のLEDと、「リセット・スイッチ」「2個のユーザー・スイッチ」の3個のタクト・スイッチが実装されています。

「LED」「スイッチ」の各機能のピンアサインは、図1-2-1の通りです。

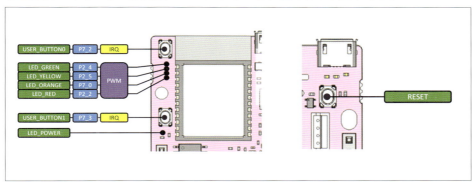

図1-2-1 「LED/スイッチ信号」ピンアサイン図

※「電源LED」はコントロールできません。「リセット・ボタン」の状態を読み出すこともできません。

■ 無線コンボ・モジュール（ESP-WROOM-32）

「GR-LYCHEE」には、次の機能が使える、「無線コンボ・モジュール」が実装されています。

- IEEE 802.11b/g/n対応（2.4GHz）
- Bluetooth ClassicおよびBLE（4.2）対応（デュアルモード）

「無線コンボ・モジュール」のピンアサインは、図1-2-2の通りです。

第1章 ハード編

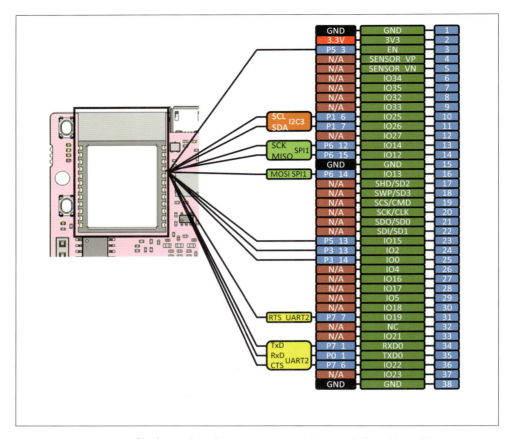

図1-2-2 「無線コンボ・モジュール(ESP-WROOM-32)」ピンアサイン図

※「**ESP-WROOM-32**」は、デフォルトで「UART」での接続になります。
　「I²C」「SPI」でも接続できるように結線はされていますが、「**ESP-WROOM-32**」のプログラムが必要になります。
　プログラムに関しては「**ESP-WROOM-32**」のサイトを確認してください。

■ 音声入出力

「GR-LYCHEE」には、音声の入出力が可能な「ステレオオーディオ・コーデック」が実装されており、「ステレオ音声出力」「モノラル音声入力」が可能です。

外部接続用に「3.5φ4ピン・ミニジャック」と、組み込み用途向けに「外部接続用コネクタ」が用意されています。

「ステレオオーディオ・コーデック」「3.5φミニジャック」「外部接続用コネクタ」のピンアサインは、図1-2-3の通りです。

[1-2]　「GR-LYCHEE」の機能

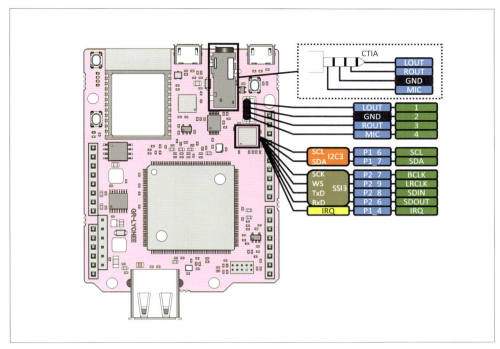

図1-2-3　「音声入出力」に関するピンアサイン図

※「3.5φミニジャック」は、「iPhone」などで採用されている「CTIA規格」のピンアサインになっています。「CTIA規格」のプラグを使ってください。
　また、「GR-LYCHEE」では、「外部接続用コネクタ」は未実装です。

■ USB2.0コネクタ

「GR-LYCHEE」には「USB2.0コネクタ」が3個あります。

①「ソフト書き込み用」MicroB USBコネクタ（基板中央）
　作ったプログラムを書き込むUSB。

②「RZ/A1LU Ch.0接続」MicroB USBコネクタ（基板右）
　「RZ/A1LU」の「Ch.0」につながるUSB。
　「Function」として使います。

③「RZ/A1LU Ch.1接続」USB Type-Aコネクタ（基板下）
　「RZ/A1LU」の「Ch.1」につながるUSB。
　「Host」として使います。

　「USB」に関するピンアサインは、図1-2-4の通りです。

15

第1章 ハード編

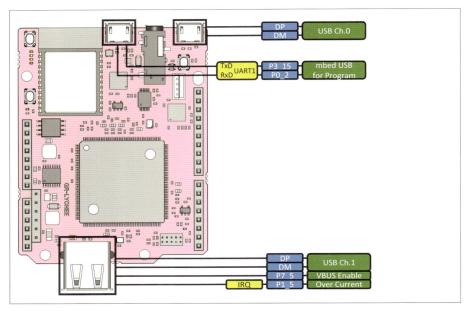

図1-2-4 「USB」に関するピンアサイン図

※「GR-LYCHEE」では、「USB Type-Aコネクタ」は未実装になっています。
　利用する場合は、添付のコネクタを付けてください。

■ Arduino互換ピン端子

　「GR-LYCHEE」には、基板両端に「Arduino互換のピン端子」が用意されています。
　ここに「Arduino対応シールド」を接続することで、「Arduino」の資産が流用でき、「GR-LYCHEE」の使い方をさらに広げることが可能です。
　「Arduino互換ピン端子」のピンアサインは、図1-2-5、図1-2-6の通りです。

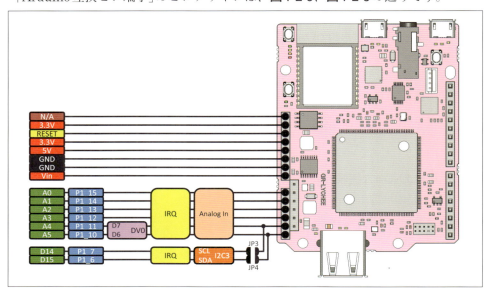

図1-2-5 「Arduino互換ピン端子(左側)」ピンアサイン図

16

[1-2] 「GR-LYCHEE」の機能

※Arduino互換をうたっていますが、「RZ/A1LU」にない機能もあります。
　Arduino完全互換ではないので、Arduino用のシールド使う場合は注意してください。

※「GR-LYCHEE」は「5V信号」には対応していません。
　ボードの故障につながるため、「5V」で動くシールドなどを利用する際には、信号電圧に注意してください。

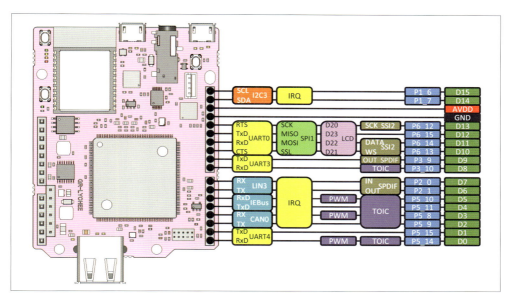

図1-2-6　「Arduino互換ピン端子（右側）」ピンアサイン図

※「GR-LYCHEE」では、両端の通常のピンソケットは実装されず、付属品として同梱されています。
　「シールド」を使うときは適した「ピンソケット」、または「ピンヘッダ」を付けて利用してください。

第1章 ハード編

■「マイクロ・サーボモータ」制御用の拡張コネクタ

「GR-LYCHEE」には、PWM信号で制御できる「マイクロ・サーボモータ制御用拡張コネクタ」が用意されており、最大2個の「マイクロ・サーボモータ」つなげられます。

　「汎用マイクロ・サーボモータ」のピンアサインになっているので、そのままモータをつなげることが可能です。

　「サーボモータ制御用拡張コネクタ」のピンアサインは、図1-2-7の通りです。

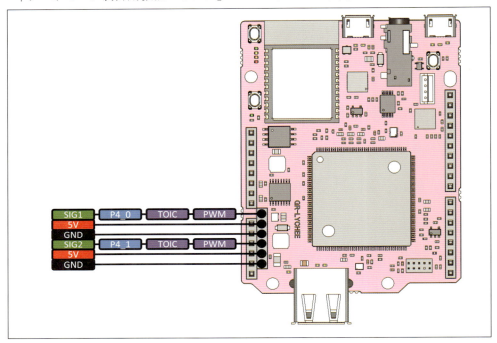

図1-2-7 「マイクロ・サーボモータ制御用拡張コネクタ」ピンアサイン図

[1-2]　「GR-LYCHEE」の機能

■ SDカードスロット

「GR-LYCHEE」の裏面には、「SDカード」や「FlashAir」などを挿入して読み書きができる、「SDカードスロット」が実装されています。

「SDカードスロット」のピンアサインは、図1-2-8の通りです。

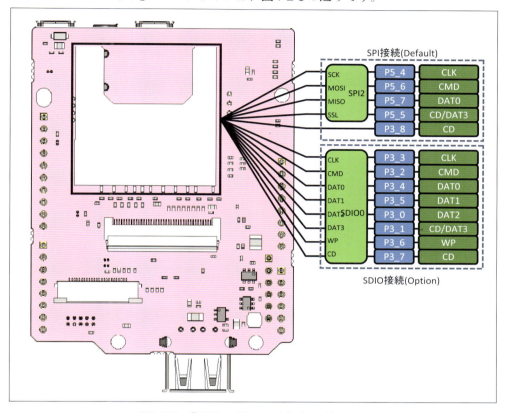

図1-2-8　「SDカードスロット」ピンアサイン図

※「GR-LYCHEE」の「SDスロット」は、通常は「SPI接続」になりますが、基板上の抵抗を付け外しすると「SDIO接続」でも利用できるようになっています。
　ただし「SDIO接続」にした場合、LCD用のピンを数本使うので、LCDは利用できなくなります。注意してください。
　詳しくは、回路図を参照してください。

■ LCDコネクタ

「GR-LYCHEE」には、「液晶(LCD)モジュール」が直接接続できるコネクタが実装されています。

使えるのは、「40pinのFFCケーブル付きの液晶」です。

「LCDコネクタ」のピンアサインは、図1-2-9の通りです。

第1章 ハード編

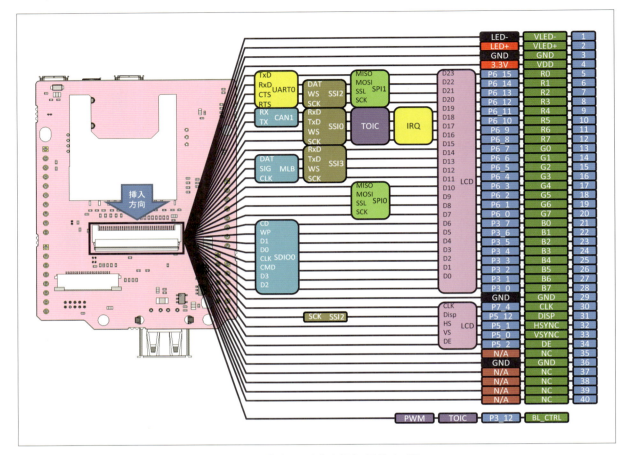

図1-2-9 「LCDコネクタ」ピンアサイン図

※「GR-LYCHEE」で動作確認がとれている「液晶モジュール」は、次の通りです。
・3.5inch 320240LKTMQW-51H(AMPIRE)：変換が必要
・4.3inch ATM0430D25(Xiamen Zettler Electronics)
・4.3inch ATM0430D5(Xiamen Zettler Electronics)
・4.3inch OT043AWDDDT-09(ONation)
・4.3inch FGD430A4005(SHENZHEN FEIGEDA ELECTRONIC)

■ カメラ・コネクタ

「GR-LYCHEE」には、付属の「小型高性能カメラ・モジュール」が接続できるコネクタが実装されています。

「カメラ・コネクタ」のピンアサインは、図1-2-10の通りです。

[1-2] 「GR-LYCHEE」の機能

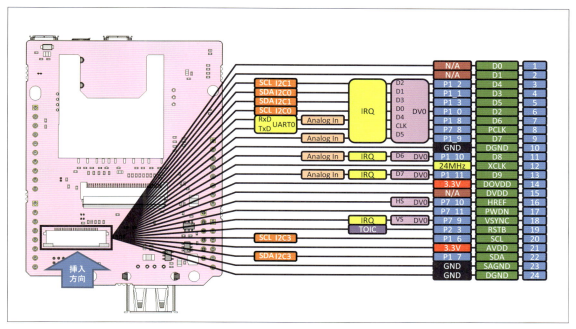

図1-2-10 「カメラ・コネクタ」ピンアサイン図

※「GR-LYCHEE」でカメラ機能を使う場合、「Arduino互換拡張ピン」である「A4」「A5」ピンを使うため、「A4」「A5」としての機能は利用できなくなります。注意してください。

■「ショート・ジャンパ」について

「GR-LYCHEE」には、実装部品の動作を切り替えができる「ショート・ジャンパ」が用意されています。この「ショート・ジャンパ」を半田でショートすることで、機能の切り替えが可能になります。

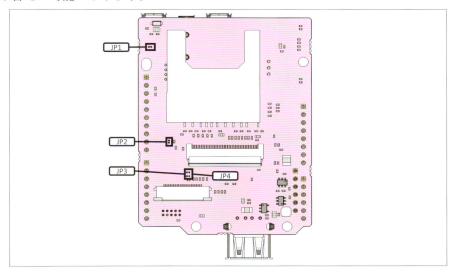

図1-2-11 「ショート・ジャンパ」配置図

21

第1章 ハード編

・JP1

「GR-LYCHEE」のファームウェアを書き換えるときに使います。

ここをショートしながら電源を投入すると、「ファームウェア書き換え」のモードで立ち上がります。

なお、最新のファームウェアでは、「リセット・ボタン」を押しながら電源を入れると同様の動作になります。

もし、「リセット・ボタン」を押しながら電源を入れても「書き換え」のモードにならない場合は、ここをショートして使ってください。

・JP2

「無線コンボ・モジュール」(ESP-WROOM-32)のファームウェアを書き換えるときに使います。

ここをショートしながら電源を投入すると、「ファームウェア書き換え」のモードで立ち上がります。

「RZ/A1LU」にも接続されているので、ソフトで制御することも可能です。

・JP3/JP4

「Arduino用シールド」によって「A4」、「A5」が「I^2Cインターフェイス」にアサインされている製品があります。

「A4」、「A5」を「I^2Cインターフェイス」として利用したい場合、ここをショートすると「I^2C3インターフェイス」として使うことができます。

> ※「Arduino互換ピン」の「D14」「D15」につながるので注意してください。

■「GR-PEACH」(ジーアール・ピーチ)と何が違うのか

「GR-LYCHEE」は、「GR-PEACH」の弟分のような製品になりますが、ボード単体の機能で見ると、「GR-LYCHEE」は「GR-PEACH」より高機能に見えるでしょう。

しかし、採用されているCPUを比較すると、「GR-LYCHEE」は「RZ/A1LU」であるのに対し、「GR-PEACH」は「RZ/A1H」です。

そして、「RZ/A1LU」は「RZ/A1H」から機能を絞った、いわゆる「廉価版」になります。

*

たとえば、「RZ/A1H」では「10MB」あった内蔵RAMが、「RZ/A1LU」では「3MB」になります。

メモリが少なくなれば、当然、できることも少なくなります。

また、動作クロックで見ると、「GR-PEACH」は「400MHz」であるのに対し、「GR-LYCHEE」は「384MHz」になっており、入力クロックの違いから内部バスクロックな

[1-2] 「GR-LYCHEE」の機能

ども含めて、少々「GR-PEACH」の方が処理速度は上になります。

*

他にも、「GR-LYCHEE」ではいろいろなデバイスをオンボードにすることによって、外部拡張に割り振ることができるピンが少なくなっており、「GR-PEACH」のように「3列、2列の拡張コネクタ」や「XBeeコネクタ」などが確保できておりません。

「GR-LYCHEE」単体でもだいたいのことはできますが、もっと拡張し、メモリをいっぱいに使って、「RZ」がもつパフォーマンスをフルに活かしたい場合は、「GR-PEACH」を使うことをお勧めします。

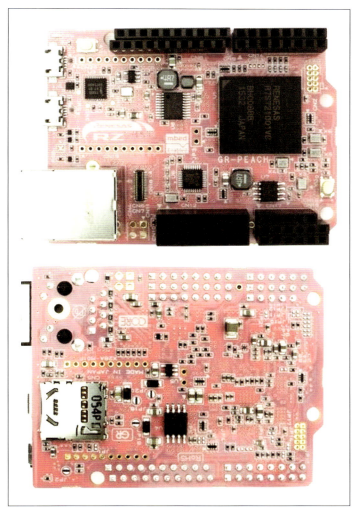

図1-2-12　GR-PEACH-FULL

第2章

ソフト編

この章では、まず「Mbed」とはどのようなものか、その開発環境について見ていきます。
次に、「GR-LYCHEE」のスタートアップ手順について触れたあと、実際に「GR-LYCHEE」を動かしていきます。

2-1　「Mbed」とは

■IoTデバイスの開発プラットフォーム「Mbed」

　「Mbed」(エンベッド)は、英国Arm社が提供している、「IoTデバイス」用の開発プラットフォームです。
　Armプロセッサコアを使った「開発ボード」や、「開発環境」「再利用可能なライブラリとWebサービス」を含んだ全体を提供しています。
　これによって、Armプロセッサコアを利用したMCU(マイクロ・コントロール・ユニット)を使ったIoTデバイスを開発したり、製品の高速プロトタイピングができます。

　2009年にベータ版のWebサービスが開始された際には、NXP社の「Cortex-M3」を使ったマイコンボードのみが登録されていました。
　現在では、11社の半導体ベンダーから、124種類以上のボードが登録されています。

図2-1-1　「Mbedプラットフォーム」対応ボードの一部

[2-1] 「Mbed」とは

●「Mbedプラットフォーム」としての「GR-LYCHEE」

「GR-LYCHEE」は、「GR-PEACH」に続いて、「Cortex-A」を使ったMbedプラットフォームとして登録されました。

「Cortex-A9」がもつ演算性能と大容量のメモリを活用した、さまざまな応用例が公開され、そのまま再利用したり、自由に改変したりできます。

また、「Mbed OS」の中核を構成する「RTOS (リアルタイムOS) 機能」として、「CMSIS-RTOS RTX」をベースにした (従来は、Cortex-M専用だった) コードも、「GR-PEACH」や「GR-LYCHEE」用に移植されています。

そのため、公開ずみのサンプルコードを活かしつつ、効率の良いハードウェアのリソース活用が可能です。

■ 「Mbed」の開発環境

●オンライン・コンパイラ

「オンライン・コンパイラ」は、コードを記述するためのエディタと合わせてWebサービスとして提供されていて、「インターネット接続」と「Webブラウザ」さえあれば、いつでもどこでも開発が可能です。

「ホストOS」も選ばず、Windows、Mac、Linuxの環境から利用できます。

また、コンパイラを自分のパソコンにインストールする必要もありません。

このコンパイラは、「Arm純正のコンパイラ」(Arm Compiler version 5) が使われています。

組み込み用途向けに最適化されており、高効率で実行スピードの速いコードを生成します。

「Mbed」の開発環境として無償で提供されていますが、コードサイズなどの制約は特にありません。

●エディタ

コードを作る場合も、Webブラウザ上で動作するエディタを使って開発します。

このエディタでは、「C/C++のキーワード」が色別に表示されたり、「コードの自動成形機能」や「マーキング機能」、シンボルの定義位置に「ジャンプ」することもできるので、効率的な開発が可能です。

また、日本語で「コメント」を記述することも可能です。

「オンライン・コンパイラ」のメニューはローカライズされていて、英語(USまたはUK)、日本語、中国語(簡体字)を切り替えることができます。

第2章 ソフト編

●プログラムの公開

「Mbed」開発者向けのWebサイトでは、「ユーザー登録」をすることもよって、誰でも無償で利用できます。

公開されているプログラムの利用や、自分が作ったコードを公開することも可能です。

また、1つの開発プログラムを複数の開発者で共有することもできます(コラボレーション開発)。

「オンライン・コンパイラ」上で作ったコードは、「Publish」を選ぶことで初めて公開されます(デフォルト設定では他のユーザーには公開されません)。

また、「commit」を行なうことで、その時点でのコードのスナップショットを記録しておいて、いつでも「commit」の状態に戻すことができます。

●ヘルプ

「Mbed」の開発環境は一見シンプルに見えて、多機能です。

「オンライン・コンパイラ」の左側にある「ヘルプ」ボタンをクリックすると、それらの機能の詳細を知ることができます。

図2-1-2 「オンライン・コンパイラ」のヘルプ

■「Mbedの開発サイト」を見てみよう

「Mbedの開発サイト」(os.mbed.com)では、プラットフォームを活用するためのさまざまな情報を、一元化して提供しています。

たとえば、他の開発者が作ったライブラリを自分のアカウントの「オンライン・コンパイラ」にインポート(コピー)して使えるほか、各種用途向けのサンプルコードも多数公開されています。

[2-1] 「Mbed」とは

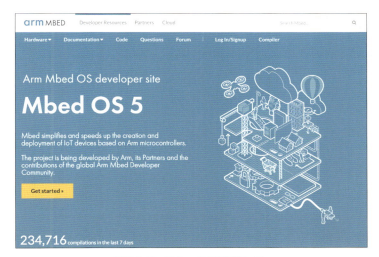

図2-1-3 「Mbed」の開発サイト

●Boards(https://os.mbed.com/platforms/)

「Boards」ページは、ここのターゲットボードの、「ピンアウト情報」「回路図」「データシート」へのリンクなども含まれています。

自分のアカウントの「オンライン・コンパイラ」への登録も、このページから行ないます。

●Component(https://os.mbed.com/components/)

「Component」ページでは、「通信・表示用モジュール」や「各種センサ」用のライブラリが多数公開されており、「Mbed対応ボード」と組み合わせて簡単に動作を確認できます。

ほとんどの場合、ライブラリ単体だけではなく、「ボードとコンポーネントの接続方法」や「ライブラリを使うためのサンプルコード」も登録されているので、実際に動作する環境を短時間で構築できます。

●ドキュメント(https://docs.mbed.com/)

Arm社が「Mbed」で提供しているクラウドサービスは、「デジタル入出力」や「タイマ」などを使うための、基本的なAPIが準備されています。

「Documentation」内の「Mbed OS Handbook」ページには、各種APIの説明やサンプルへのリンクが含まれています。

また、「Cookbook」や「Code」には、電子部品を提供するベンダーや個人の開発者が作ったライブラリが多数登録されています。

●質問と議論

「Questions」や「Forums」では、不明な点を質問したり、さまざまな話題について議論することができます。

基本的には英語でのやり取りになりますが、「日本語フォーラム」が用意されている

第2章 ソフト編

ので、英語が苦手な方でも日本語による質問や議論に参加できます。

「日本語フォーラム」では、書籍やイベント情報のトピックもあります。

https://os.mbed.com/forum/ja/

「Mbed」は、オープンな開発コミュニティです。

質問に対する回答は、ArmのMbedチームや半導体ベンダーから回答されることもありますが、一般の開発者からも活発に発言があります。

何か不明なことがあったら、「Questions」や「Forum」に投稿してみましょう。

2-2 「GR-LYCHEE」を動かしてみる

では、「GR-LYCHEE」のスタートアップの手順を確認しながら、実際に「GR-LYCHEE」を動かしてみましょう。

■ セットアップ

●「Mbedの開発サイト」にログイン

はじめに、使っている「PC」と「GR-LYCHEE」を「USBケーブル(A-microB)」で接続します。

「GR-LYCHEE」側のUSB接続口は、図2-2-1の部分です。

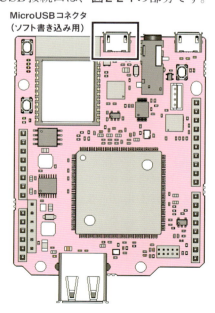

図2-2-1 「GR-LYCHEE」側のUSBケーブル接続口

「PC」と「GR-LYCHEE」を接続すると、「MBED」というドライブが立ち上がります。

28

[2-2] 「GR-LYCHEE」を動かしてみる

このドライブの中にある「MBED.HTM」ファイルをダブルクリックすると、「Mbed
の開発サイト」のログインページが表示されます。

「Mbedアカウント」をすでにもっている方は、画面左の「Login」からログインしてく
ださい。
もっていない方は、画面右の「Signup」から「Mbedアカウント」を作ります。

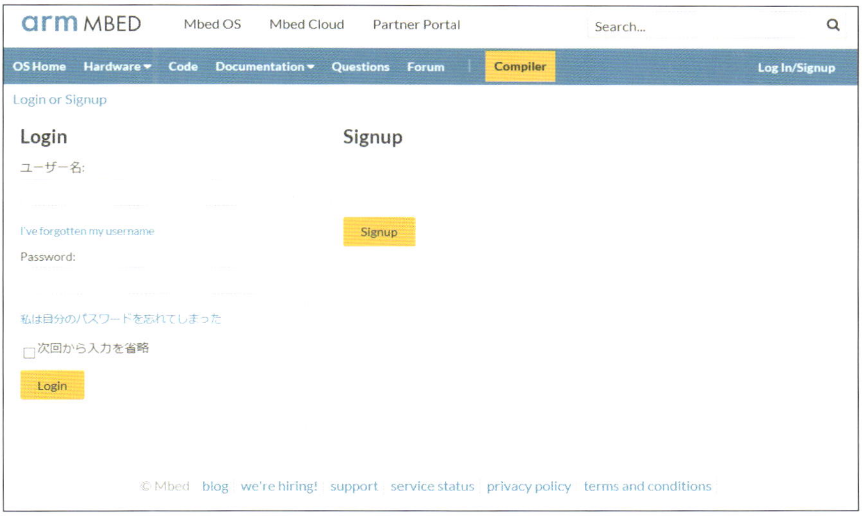

図2-2-2 「Mbedの開発サイト」のログインページ

● 「Mbedアカウント」を作る

「Signup」をクリックすると、「Mbedアカウント」の作成ページが開きます。
ここで、「Mbedアカウント」として登録するユーザー情報を入力してください。

※ユーザー名にはハイフン(-)は使えないので、注意してください。

図2-2-3 「Mbedアカウント」作成ページ

第2章 ソフト編

リンク先の規約確認と、不正アカウントの作成を防ぐための承認を行なったあと、「Signup」をクリックしてください。

「Mbedアカウント」が無事作られると、ログイン状態になります。

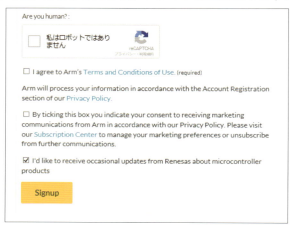

図2-2-4　規約に同意して「Signup」

一度「Mbedアカウント」の作ってしまえば、次回からはこの作業は必要ありません。

「Mbedの開発サイト」へのログインページで、「ユーザー名」と「Password」を入力してログインできるようになります。

● GR-LYCHEEプラットフォームページ

ログインが完了すると、「GR-LYCHEEプラットフォームページ」が開きます。

このページから、「GR-LYCHEE」に関するさまざまな情報にアクセスできます。

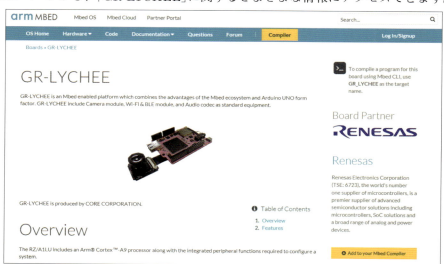

図2-2-5　GR-LYCHEEプラットフォームページ

「GR-LYCHEEプラットフォームページ」は、次のURLから開くこともできます。

https://os.mbed.com/platforms/Renesas-GR-LYCHEE/

[2-2] 「GR-LYCHEE」を動かしてみる

■ 実際に動かしてみよう

それでは実際にプログラムをインポートし、ビルドしてプログラムを動かしてみましょう。

ここでは、「LEDチカチカ」(LEDのONとOFFの繰り返し)を行なうプログラムを使って、説明していきます。

*

まず、「Mbed」のビルド方法について、簡単に説明します。

先述したように、「Mbed」ではArm社が提供している「オンライン・コンパイラ」を使って、プログラムをビルドします。

「Mbedの開発サイト」のページ右上に、「Compiler」ボタンがあります。

ログインした状態でこのボタンをクリックすると、「オンライン・コンパイラ」のウィンドウが開きます。

図2-2-6 「オンライン・コンパイラ」の起動

「Mbed」における「プログラム」と「ライブラリ」は、以下のように定義されています。

表2-2-1 「プログラム」と「ライブラリ」の定義

プログラム	「main.cpp」を含む、実行形式のプログラムを作るコード。
ライブラリ	プログラム内のフォルダで、単機能として切り取り可能なもの。中身は「コード」でも「ライブラリ形式」(.arファイル)でもかまわない。

「Mbedの開発サイト」では、いろいろなプログラムが無料で公開されており、これらをインポートすることで、簡単にプログラムを作ることができます。

プログラムをインポートする方法は、①ウィザードからインポート、②URLからインポート、③プログラムページの「Import program」ボタンからインポート、——の3通りがあります。

どの方法も出来上がるプログラムは同じなので、好きな方法でインポートしてください。

*

「オンライン・コンパイラ」上でビルドすると、「実行ファイル」(.binファイル)が生成されます。

そして、この「実行ファイル」を「MBED」ドライブにドラッグ＆ドロップするだけで、

第2章 ソフト編

「GR-LYCHEE」に書き込むことができ、すぐにプログラムを動かすことができます。

＊

　それでは、それぞれの方法でプログラムを「オンライン・コンパイラ」にインポートしてみましょう。

①ウィザードからインポート

[1]「オンライン・コンパイラ」のページを開いて「マイプログラム」を右クリックし、「プログラムのインポート」→「ウィザードからインポート」の順にカーソルを移動してクリック。

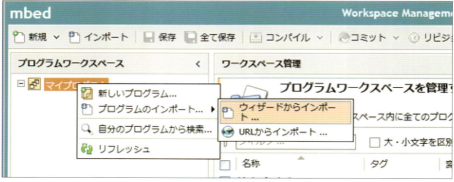

図2-2-7 「ウィザードからインポート」

[2] 入力ボックスに「mbed-os-example-blinky」を入力し、「検索」ボタンをクリック(❶)。

[3] 一覧に「mbed-os-example-blinky」が複数表示されますが、今回は作成者が「Team mbed-os-examples」のプログラムを選択(❷)。

[4]「インポート!」ボタンをクリック(❸)。

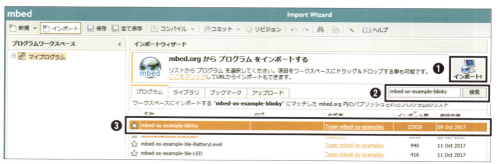

図2-2-8 「mbed-os-example-blinky」を検索してインポート

[5] インポートするプログラム内のライブラリは、プログラム登録以降も更新されることがあるため、最新のライブラリでインポートする場合は、「Update all libraries to the latest version」にチェックを入れる。
　今回は、「Update all libraries to the latest version」にチェックを入れてインポート。

[2-2] 「GR-LYCHEE」を動かしてみる

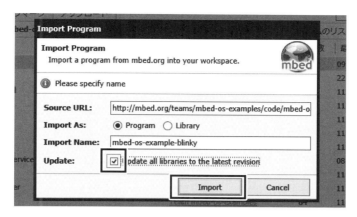

図2-2-9 アップデートのチェック

②URLからインポート

[1]「オンライン・コンパイラ」のページを開いて「マイプログラム」を右クリックし、「プログラムのインポート」→「URLからインポート」の順にカーソルを移動してクリック。

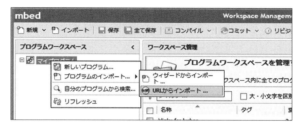

図2-2-10 URLからインポート

[2]「Source URL」に「mbed-os-example-blinky」のプログラムページのURLを直接入力し、インポート。

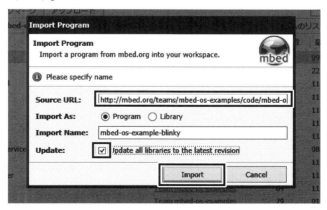

図2-2-11 「Source URL」に直接URLを入力

＜「mbed-os-example-blinky」のプログラムページ＞

    https://os.mbed.com/teams/mbed-os-examples/code/mbed-os-example-blinky/

33

③プログラムページの「Import program」ボタンからインポート

[1]「mbed-os-example-blinky」プログラムのページを開いて、ページの右上にある「Import this program」をクリック。

https://os.mbed.com/teams/mbed-os-examples/code/mbed-os-example-blinky/

図2-2-12　「mbed-os-example-blinky」プログラムページからインポート

[2] インポート時にアップデートチェックが表示されるので、「Update all libraries to the latest version」にチェックを入れる。

　いずれかの方法でプログラムのインポートが終わったら、次は、プログラムをビルドします。
　まずは、プラットフォームが「GR-LYCHEE」になっていることを確認しましょう。

図2-2-13　プラットフォームの確認

図2-2-14　プラットフォームの確認（拡大）

　もし「GR-LYCHEE」と表示されていない場合は、マウスでクリックするとプラットフォーム選択画面が表示されるので、❶プラットフォーム一覧から「GR-LYCHEE」を

[2-2] 「GR-LYCHEE」を動かしてみる

選択し、❷「Select Platform」をクリックしてください。

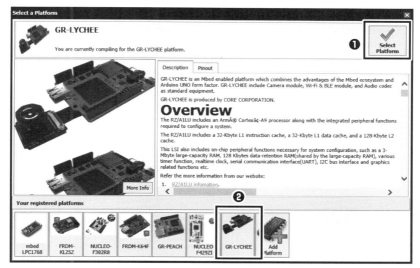

図2-2-15 プラットフォーム選択画面

＊

プラットフォームの確認もできたので、さきほどのインポートしたプログラム「mbed-os-example-blinky」をビルドしてみましょう。

「オンライン・コンパイラ」ページの上段にあるメニューの中から、「コンパイル」をクリックしてください。

図2-2-16 「コンパイル」ボタン

ビルドが完了すると、画面の下にあるコンソール出力画面に「Success!」と表示され、実行ファイルがダウンロードされます。

この実行ファイルを、「MBED」ドライブにドラッグ＆ドロップしてください。

図2-2-17 実行ファイルのダウンロード

35

第2章 ソフト編

> ※コードに問題がある場合は、「コンソール出力画面」にエラーメッセージが出力されます。
>   エラーが表示されている部分をダブルクリックすると、問題箇所にジャンプでき、原因のコードの行がハイライト表示されます。

*

いよいよプログラムを動かします。

「MBED」ドライブへのドラッグ＆ドロップが完了すると、「MBED」ドライブが再マウントされ、再度立ち上がります。

> ※この際、「MBED」ドライブの「実行ファイル」（.binファイル）が自動的に消えてしまいますが、「Mbed」のダウンロードシステムの仕様によるものです。決して「実行ファイル」が削除されたわけではないので安心してください。

「GR-LYCHEE」の「リセット・ボタン」を押すとプログラム動きだし、緑色のLEDが点滅するのが確認できます。

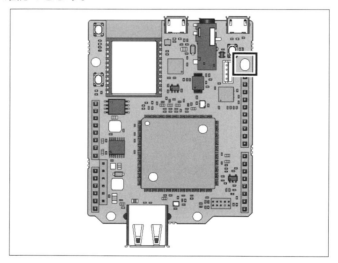

図2-2-18　「リセット・ボタン」を押す

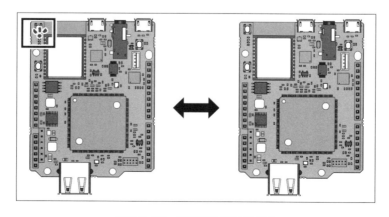

図2-2-19　「緑色のLED」が点滅

[2-2] 「GR-LYCHEE」を動かしてみる

●プログラムの仕組み

ここで、次の「mbed-os-example-blinky」プログラムの「main.cpp」のコードを使って、簡単にプログラムを説明します。

【リスト2-2-1】「mbed-os-example-blinky」プログラムの「main.cpp」

```cpp
#include "mbed.h"

DigitalOut led1(LED1);

// main() runs in its own thread in the OS
int main() {
  while (true) {
    led1 = !led1;
    wait(0.5);
  }
}
```

・1行目

「Mbed OS ライブラリ」を使うためのインクルード処理です。

必ず、「main.cpp」の先頭で行なってください。

```cpp
#include "mbed.h"
```

・3行目

コンストラクタ部分で、今回は「LED1」を「デジタル出力」に設定する宣言処理です。

この処理によって、「LED1」にデジタル信号の「1」か「0」を設定でき、LED を光らせたり消したりできます。

「led1」はこの宣言処理の名称であり、任意の名前に定義できます。

このコンストラクタの処理以降で、「led1」に値を代入して LED の操作を行ないます。

C 言語などで使う「変数」のように利用できます。

```cpp
DigitalOut led1(LED1);
```

・6行目以降

プログラムのメイン処理部分です。

「led1 = !led1」で LED の「光っている状態」と「消えている状態」を反転させて、「wait(0.5)」で0.5秒待ちます。

この処理を「while(true)」で無限ループさせることで、「GR-LYCHEE」の LED が点滅します。

```cpp
int main() {
    while (true) {
        led1 = !led1;
        wait(0.5);
    }
}
```

37

第2章 ソフト編

●ソースコードを変更する方法

それでは、作ったプログラム(LEDチカチカ)のソースコードを変更して、他のLEDも光らせてみましょう。

*

まず、「オンライン・コンパイラ」上で「main.cpp」をクリックします。

すると、「main.cpp」のコードが表示されるので、以下のように書き換えてみてください。

【リスト2-2-2】「main.cpp」の変更

```cpp
#include "mbed.h"

DigitalOut led1(LED1);
DigitalOut led2(LED2);
DigitalOut led3(LED3);
DigitalOut led4(LED4);

// main() runs in its own thread in the OS
int main() {
  while (true) {
    led1 = !led1;
    led2 = !led2;
    led3 = !led3;
    led4 = !led4;
    wait(0.5);
  }
}
```

コードを変更したら、「オンライン・コンパイラ」ページの上段にあるメニューの中から、「保存」または「全て保存」をクリックします。

図2-2-20 変更したファイルの保存

これで変更したコードが保存されます。

[2-2] 「GR-LYCHEE」を動かしてみる

プログラムのビルド以降は、先ほどと同じ手順です。

＊

実行ファイルを「GR-LYCHEE」に書き込み、「リセット・ボタン」を押してプログラムを動かすと、4つすべてのLEDが点滅するのが確認できます。

●ターミナルソフトに情報出力する方法

次に、作ったプログラム(LEDチカチカ)のソースコードを変更して、LEDをチカチカさせるたびにターミナルソフトにメッセージを出力してみましょう。

＊

先ほどと同様に、「オンライン・コンパイラ」上で「main.cpp」をクリックします。
コードが表示されたら、関数内に以下の2行を追加します。

【リスト2-2-3】ターミナルへの出力を追加

```
int main() {
  int count = 0; //★追加する行
  while (true) {
    printf("count=%d\r\n", count++); //★追加する行
```

※「Mbed」の環境では、「改行コード」(\n)が入るまで「printf」は表示されません。
必ず、最後に「改行コード」を入れてください。

2つのコードを追加したら、先ほどと同様にプログラムの保存とビルドを行ないます。
実行ファイルを「GR-LYCHEE」に書き込んだあと、ターミナルソフトを立ち上げて、「Mbed」用の設定を行ないます。

表2-2-1 「Mbed」のシリアル通信デフォルト値

項　目	値
ポート番号	Mbed Serial PortのCOMポート番号
ボーレート	9600
データビット	8bits
パリティビット	none
ストップビット	1bit
フロー制御	none

「COMポート番号」が分からない場合は、PCの「デバイス マネージャー」から確認できます(Windows PCの場合)。

39

第2章 ソフト編

図2-2-21 「COMポート番号」の確認

> ※「Windows 10」よりも前のOSを使っている場合は、以下のURLから「USBシリアル通信ドライバ」をインストールする必要があります。
> https://docs.mbed.com/docs/mbed-os-handbook/en/latest/getting_started/what_need/

「GR-LYCHEE」の「リセット・ボタン」を押してプログラムを動かすと、LEDの点滅に合わせて、ターミナルソフトに「count」の値が表示されるのが確認できます。

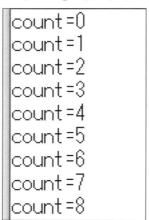

図2-2-22 「count」の値が表示

■「カメラ」を使ってみよう

以下の「カメラのプログラム」のページを開き、「GR-LYCHEE」の「カメラ」で写真撮影をしてみましょう。

```
https://os.mbed.com/users/dkato/code/GR-Boads_Camera_sample/
```

「USER_BUTTON0」を押すと、「カメラ」に映った画像をJPEGファイルに変換し、「USBメモリ」や「SDカード」に保存します。

[2-2] 「GR-LYCHEE」を動かしてみる

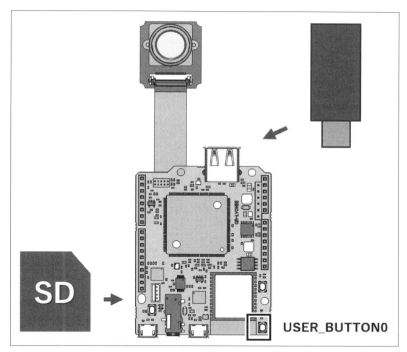

図2-2-23 「カメラのプログラム」の構成

このプログラムを動かすためには、以下のものが必要になります。

・GR-LYCHEE
・USBメモリ、またはSDカード

まずは、付属の「カメラ」を「GR-LYCHEE」に取り付けます。
　図2-2-24のように、「GR-LYCHEE」の裏面にある「カメラ・コネクタ」に、「フレキシブル・ケーブル」の銀色の導電面が手前にくるように接続してください。

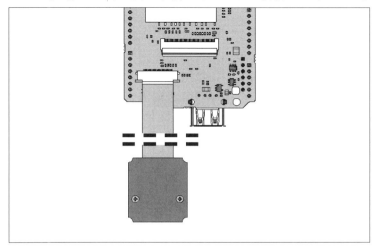

図2-2-24　カメラの接続

41

第2章 ソフト編

　JPEGファイルの保存先を「USBメモリ」にする場合は、付属の「USB Type-Aコネクタ」をハンダ付けしておいてください。

　JPEGファイルの保存先を「SDカード」にする場合は、ハンダ付けは不要です。

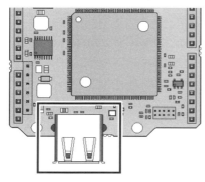
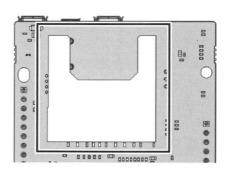

図2-2-25　USBコネクタ(ボード表面)　　図2-2-26　SDカードスロット(ボード裏面)

●利用するライブラリについて

　このプログラムで利用するライブラリは、次の通りです。

表2-2-2　「カメラのプログラム」で利用するライブラリ

ライブラリ	説　明
mbed-os	Mbed OSライブラリ
mbed-gr-libs	GRボード用ライブラリ群

　「mbed-os」は、「Mbed」でプログラミングする際には、必須のライブラリです。

　「Mbed」の各種ドライバ、ファイルシステム、リアルタイムOSなどの機能が含まれています。

　プログラムを新規に作る際には、必ず「mbed-os」をインポートしてください。

＊

　「mbed-gr-libs」は、「GR-PEACH」「GR-LYCHEE」用のライブラリ群です。

　「カメラ機能」など、「GR-LYCHEE」特有の機能を使う場合に必要になります。

　「mbed-gr-libs」ライブラリには、次の機能が含まれます。

表2-2-3　「mbed-gr-libs」の主な機能

機　能	説　明
EasyAttach_CameraAndLCD	カメラとLCDの接続。
SdUsbConnect	USBメモリとSDカードの接続。
dcache-control	キャッシュ制御。
GraphicsFramework	JPEG変換。

[2-2] 「GR-LYCHEE」を動かしてみる

AUDIO_GRBoard	オーディオコーデック。
USBHost	USBホスト。
USBDevice	USBファンクション。

「mbed-gr-libs」ライブラリの機能設定は、「Mbed_app.json」ファイルで行ないます。「Mbed_app.json」は、プログラムのフォルダのトップにあります。

図2-2-27　「Mbed_app.json」の位置

●実際に動かしてみよう

プログラムを動かし、「USBメモリ」、または「SDカード」のどちらかを「GR-LYCHEE」に接続します。

「USER_BUTTON0」を押している間、カメラ画像がJPEGファイル形式で保存され続けます。

ターミナルソフト上には、保存されたJPEGファイルの名前が表示されます。

保存されたJPEGファイルを「PC」で確認してみましょう。

```
Saved file /storage/img_1.jpg
Saved file /storage/img_2.jpg
Saved file /storage/img_3.jpg
Saved file /storage/img_4.jpg
Saved file /storage/img_5.jpg
Saved file /storage/img_6.jpg
Saved file /storage/img_7.jpg
Saved file /storage/img_8.jpg
Saved file /storage/img_9.jpg
```

図2-2-28　ターミナルソフトへの出力イメージ

第2章 ソフト編

●処理の流れについて

プログラムの処理の流れは、次のようになっています。

---

①「カメラ」からの入力画像を、「約16.7ms」ごとに更新。

②「USER_BUTTON0」が押されると、次の画像更新を待つ。

③画像が更新されると、その画像をJPEGに変換し、「USBメモリ」や「SDカード」に保存。

●プログラム解析

では、プログラムの中を少し覗いてみましょう。

まずは、インクルードヘッダの確認です。

【リスト2-2-4】「main.cpp」のインクルードヘッダ

```
#include "mbed.h"                        ……①
#include "EasyAttach_CameraAndLCD.h"     ……②
#include "SdUsbConnect.h"                ……③
#include "JPEG_Converter.h"             ……④
#include "dcache-control.h"             ……⑤
```

---

①「Mbed OSライブラリ」を使うための宣言。

②「カメラ」と「LCD」を接続するための宣言。

③「USBメモリ」と「SDカード」を接続するための宣言。

④「JPEG変換」を行なうための宣言。

⑤「キャッシュ制御」を行なうための宣言。

*

次に、main関数を見ていきましょう。

【リスト2-2-5】「main.cpp」のmain関数

```
int main() {
  EasyAttach_Init(Display);
  Start_Video_Camera();
#if MBED_CONF_APP_LCD
  Start_LCD_Display();
#endif
  SdUsbConnect storage(MOUNT_NAME);

  while (1) {
    storage.wait_connect();
    if (button0 == 0) {
      wait_new_image(); // wait for image input
      led1 = 1;
      save_image_jpg(); // save as jpeg
```

[2-2] 「GR-LYCHEE」を動かしてみる

```
      led1 = 0;
    }
  }
}
```

「EasyAttach_Init(Display)」は、「カメラ」と「LCD」を使用するための初期化処理です。

「EasyAttach_CameraAndLCD」機能の設定は、「Mbed_app.json」ファイルで行ないます。

このプログラムでは「カメラ」を使うため、「カメラ機能」が有効化されています。

［リスト2-2-6］「カメラ」の有効化(Mbed_app.json)

```
"config": {
  "camera":{
    "help": "0:disable 1:enable",
    "value": "1"
  },
```

「Start_Video_Camera( )」は、「カメラ」からの画像取得を開始するための処理です。

このプログラムでは、「user_frame_buffer0」というメモリにカメラ画像が定期的に入る更新されるようになります。

付属「カメラ」のフレームレートは「60fps」なので、「約16.7ms」に一回画像が更新されます。

「Start_LCD_Display( )」は、「LCD」の出力を開始するするための処理です。

このプログラムでは、メモリ「user_frame_buffer0」内の画像データを「LCD」に出力します。

「#if MBED_CONF_APP_LCD」のコンパイル・スイッチは無効となっているので、今回はこの関数は実行されません。

「SdUsbConnect storage(MOUNT_NAME)」は、「USBメモリ」と「SDカード」を接続するためのクラスを、「storage」として宣言しています。

「storage.wait_connect( )」によって、「USBメモリ」か「SDカード」のどちらかが検出されるまで待っています。

「wait_new_image( )」は、「カメラ」からの新しい入力画像を待つ処理です。

「save_image_jpg( )」は、メモリ「user_frame_buffer0」に格納された「カメラ」からの入力画像をJPEGファイルに変換し、「USBメモリ」か「SDカード」に保存する処理です。

第2章 ソフト編

●「DMA」と「キャッシュ」について

「GR-LYCHEE」には「キャッシュメモリ」が搭載されており、「CPU」を使ったメモリへのアクセスは、このキャッシュを介して行なわれます。

一方、カメラ画像の入力処理とJPEG変換処理では「DMA」が使われています。
「DMA」は、「Direct Memory Access」の略で、「CPU」を介さず、「実メモリ」に直接アクセスします。

*

「DMA」を使う際は、「キャッシュ制御」を意識する必要があります。

たとえば、「buf[0] = 0x01」や「memcpy(buf, data, 64)」など、「CPU」を使ったデータ書き込みを行なう場合、通常は「実メモリ」ではなく、「キャッシュ」への書き込みが行なわれます。
この状態で「buf」のデータを「DMA」で転送しようとした場合、まだ「実メモリ」には書き込みが行なわれていないため、意図したデータの転送ができません。
また、逆に「DMA」で転送されたデータに対して「CPU」を使ったアクセスをする場合、「キャッシュ」上にゴミが残ったままだと、「実メモリ」ではなく「キャッシュ」上のゴミを読み込んでしまいます。

*

「Mbedコード」を使う場合、「GR-PEACH」「GR-LYCHEE」は、ともに1MBの「非キャッシュ領域」(NC_BSSセクション)を用意しています。
「非キャッシュメモリ」は、「CPU」を使ったアクセスでも「キャッシュ」を使わず、「実メモリ」に直接アクセスします。

「DMA」を使う場合は、この「非キャッシュメモリ」を利用すると、制御が楽になります。
「非キャッシュメモリ」として使う場合は、次のようにメモリを宣言します。

```
static uint8_t buf [64] __attribute((section("NC_BSS")));
```

「非キャッシュメモリ」を使わない場合は、次のような「キャッシュ制御」が必要になります。
「キャッシュ制御」を行なうメモリは、必ず「32byteアライン」にし、サイズを32byteの倍数にしておく必要があります。

[2-2] 「GR-LYCHEE」を動かしてみる

【リスト2-2-7】「キャッシュ制御」の例

```
#include "dcache-control.h"  //キャッシュ制御用のヘッダ

//32byteアライン、32の倍数
static uint8_t buf [64] __attribute((aligned(32)));

void dma_send_func() {
  buf [0] = 0x01;  //キャッシュ上のデータを実メモリに書き込む
  dcache_clean(buf, sizeof(buf));
  DMA_send(buf);  //DMA送信 ※
}

void dma_recv_func() {
  //あらかじめキャッシュ上のデータを破棄しておく
  dcache_invalid(buf, sizeof(buf));
  DMA_recv(buf);  //DMA受信 ※
  printf("%d\r\n", buf [0] );
}
```

※「DMA_send( )」「DMA_recv( )」は、「DMA」を使ったデータ送信とデータ受信を表現するために使っています。実際に用意されている関数ではありません。

■「デジカメ」にしてみる

先ほど紹介した「カメラのプログラム」に「LCD」を追加し、「デジカメ」にしてみましょう。

次の節で、「PCアプリ」を使ってカメラ画像を確認する方法を紹介しているので、「LCD」を使わない方はそちらを参照してください。

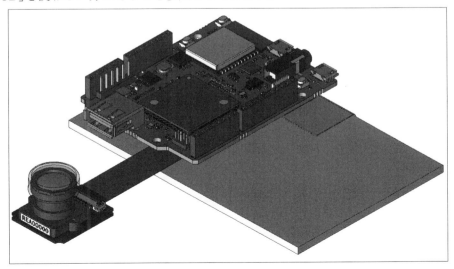

図2-2-29 「デジカメ」の構成

第2章 ソフト編

以下のものが必要になります。

・GR-LYCHEE
・USBメモリ、またはSDカード
・LCD（TF043HV001A0）

「LCD」の接続は、次の通りです。
「LCD」は、4.3インチでピンの配置が同じものであれば、他でも代用可能です。

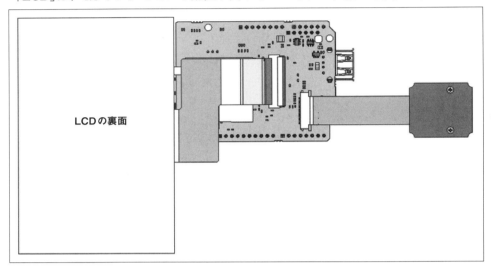

図2-2-30 「LCD」の接続

●利用するライブラリ

このプログラムで使用するライブラリは、次の通りです。

表2-2-4 「デジカメのプログラム」で利用するライブラリ

ライブラリ	説　明
mbed-os	Mbed OSライブラリ
mbed-gr-libs	GRボード用ライブラリ群

●設定の変更

「Mbed_app.json」ファイルの「lcd」パラメータの「value」を「1」に変更し、「EasyAttach_CameraAndLCD」機能の「LCD」を有効化します。

【リスト2-2-8】「LCD」の有効化(Mbed_app.json)

```
"lcd":{
  "help": "0:disable 1:enable",
  "value": "1"
},
```

また、この変更によって、先ほど無効だった「#if MBED_CONF_APP_LCD」のコンパイル・スイッチも有効になるため、「Start_LCD_Display( )」が実行されるようになります。

【リスト2-2-9】「Start_LCD_Display( )」が有効に(main.cpp)

```
#if MBED_CONF_APP_LCD
  Start_LCD_Display();
#endif
```

●実際に動かしてみよう

プログラムを動かすとすぐに、「カメラ」画像が「LCD」に表示されるようになります。

JPEGファイルの保存やターミナルソフト上の表示は、先ほどのプログラムのままです。

●ソースコードの変更

先ほど動かしたプログラムでは、「カメラ」画像が「LCD」に表示されましたが、「カメラ」の解像度は「640×480pix」に対し、「LCD」の解像度は「480×272pix」です。

そのため、「カメラ」画像の一部が切り取られた形で「LCD」に表示されています。

そこで、ソースコードを一部変更し、「カメラ」画像を「LCD」画面にちょうど収まるように縮小してみましょう。

*

「main.cpp」の上部にある、入力画像の解像度決めるマクロを、「LCD」の解像度と同じになるように設定します。

これによって「LCD」の解像度と同じ「480×272 pix」まで入力画像が縮小されます。

第2章 ソフト編

【リスト2-2-10】変更前のコード

```
#define VIDEO_PIXEL_HW        (640u)   /* VGA */
#define VIDEO_PIXEL_VW        (480u)   /* VGA */
```

【リスト2-2-11】変更後のコード

```
#define VIDEO_PIXEL_HW        LCD_PIXEL_WIDTH
#define VIDEO_PIXEL_VW        LCD_PIXEL_HEIGHT
```

「カメラ」の入力画像のアスペクト比は「4:3」ですが、「LCD」への出力画像のアスペクト比は「16:9」であるため、このままでは縮小された画像は横長に見えてしまいます。

そこで、「カメラ」入力画像の下部データを捨てて、アスペクト比が「16:9」になるようにしてみます。

【リスト2-2-12】変更前のコード

```
EasyAttach_Init(Display);
```

【リスト2-2-13】変更後のコード

```
EasyAttach_Init(Display , 640, 360);
```

変更は以上です。

この状態でプログラムを実行すると、先ほど動かしていたときよりも広い範囲の画面が「LCD」に表示されるようになります。

また、「USER_BUTTON0」を押した際に保存されるJPEG画像も、「480×272pix」となります。

■「PCアプリ」を使って、カメラ画像をリアルタイムに確認

以下の「DisplayAppプログラム」のページを開き、PCから「GR-LYCHEE」のカメラ画像をリアルタイムに確認してみましょう。

```
https://os.mbed.com/users/dkato/code/GR-Boads_Camera_DisplayApp/
```

カメラの入力画像はJPEGに変換され、USBファンクションのCDCクラス通信でPCに送られます。

送られたデータは、Windows用PCアプリ「DisplayApp」で見ることができます。

PC用のアプリは、次のURLからダウンロードできます。

---
https://os.mbed.com/users/dkato/code/DisplayApp/

「main.cpp」の次のマクロを変更することで、画質やフレームレートを変更できます。

> ※PCがデータを受けきれず、画像が頻繁に乱れるようなら、データ量が少なくなるように調整してください。

【リスト2-2-14】「main.cpp」の変更場所

```
/** JPEG out setting **/
#define JPEG_ENCODE_QUALITY    (75)
#define VFIELD_INT_SKIP_CNT    (0)
```

「JPEG_ENCODE_QUALITY」は、JPEGエンコード時の品質（画質）を設定します。
数値が高いほど画質が高く、データ量も増加します。
設定範囲は「1〜75」です。

「VFIELD_INT_SKIP_CNT」は、フレームレートに影響します。
「GR-LYCHEE」の場合、「0:60fps, 1:30fps, 2:20fps, 3:15fps, 4:12fps, 5:10fps」となります。
「フレームレート」が低いほど、データ量は少なくなります。

■ オーディオを再生してみよう

以下の「オーディオ再生プログラム」のページを開き、WAVファイルを再生してみましょう。

---
https://os.mbed.com/users/dkato/code/GR-Boards_Audio_WAV/

「USBメモリ」、または「SDカード」のルートフォルダに入っているWAVファイルを再生します。
「GR-LYCHEE」の「USER_BUTTON0」を押すと、次曲を再生します。

第2章 ソフト編

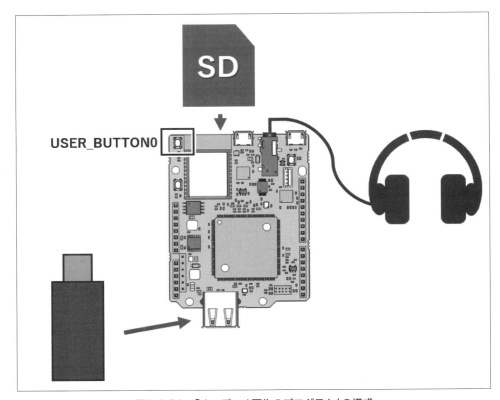

図2-2-31 「オーディオ再生のプログラム」の構成

この「プログラム」を動かすには、以下のものが必要になります。

・GR-LYCHEE
・USBメモリ、またはSDカード
・スピーカー、ヘッドホン、イヤホンのいずれか
・WAVファイル

WAVファイルの再生対象の範囲は、次の通りです。

表2-2-5　WAVファイルの再生対象範囲

項　目	範　囲
フォーマット	WAVファイル(RIFFフォーマット) ".wav"
チャンネル	1ch、2ch
周波数	8kHz、16kHz、24kHz、32kHz、44.1kHz、48kHz
量子化ビット数	16bits

[2-2] 「GR-LYCHEE」を動かしてみる

●利用するライブラリ

このプログラムで使うライブラリは、以下の通りです。

表2-2-6 「オーディオ再生プログラム」で利用するライブラリ

ライブラリ	説　明
mbed-os	Mbed OSライブラリ
mbed-gr-libs	GRボード用ライブラリ群
EasyPlayback	オーディオ再生ライブラリ

●実際に動かしてみよう

それでは、「GR-LYCHEE」の「リセット・ボタン」を押して、プログラムを動かします。

「GR-LYCHEE」に「USBメモリ」か「SDカード」を接続すると、ルートフォルダ内のWAVファイルが再生され、「3.5φ4ピンミニジャック」につないだ機器(「スピーカー」「ヘッドホン」「イヤホン」のいずれか)から曲が鳴るのを確認できます。

接続する機器によっては大きな音が鳴る可能性があるので、ボリューム調整が付いている機器の場合は、ボリュームを小さくして試してください。

※ボリューム調整がない「ヘッドホン」「イヤホン」の場合は、音量の確認ができるまでは耳に装着せずに試してください。

「GR-LYCHEE」の「USER_BUTTON0」を押すと次曲を再生し、再生曲が1周すると再度先頭から再生するのが確認できます。

ターミナルソフトには、「USBメモリ」や「SDカード」から見つかったファイルの名前が出力されます(WAVファイル以外も表示されます)。

```
/storage/DCIM
/storage/GUPIXINF
/storage/SD_WLAN
/storage/System Volume Information
/storage/01.wav
/storage/02.wav
/storage/03.wav
/storage/DCIM
/storage/GUPIXINF
/storage/SD_WLAN
```

図2-2-32 ターミナルソフトへの出力イメージ

53

第**2**章　ソフト編

●処理の流れについて

プログラムの処理の流れは、簡単に次のようになります。

①「USBメモリ」や「SDカード」から、WAVファイルを読み取る。
②「オーディオ再生ライブラリ」を使って、PCMデータをコーデックに送信。
③コーデックからアナログ音声が「3.5φ4ピンミニジャック」に出力。

●プログラム解析

ここでも、少しだけプログラムの中を覗いてみましょう。
まずは、インクルードヘッダの確認からです。

【リスト2-2-15】「main.cpp」のインクルードヘッダ

```
#include "mbed.h"                ……①
#include "SdUsbConnect.h"        ……②
#include "EasyPlayback.h"        ……③
#include "EasyDec_WavCnv2ch.h"   ……④
```

①「Mbed OSライブラリ」を使うための宣言。
②「USBメモリ」と「SDカード」を接続するための宣言。
③「オーディオ再生ライブラリ」を使うための宣言。
④「オーディオ再生ライブラリ」でWAVファイル再生するための宣言。

＊

「main」関数の前半部分から見ていきます。

【リスト2-2-16】main.cpp（前半部分）

```
int main() {
  DIR  * d;
  struct dirent * p;
  char file_path[sizeof("/"MOUNT_NAME"/") + FNAME_LEN];
  SdUsbConnect storage(MOUNT_NAME);

  AudioPlayer.add_decoder<EasyDec_WavCnv2ch>(".wav");
  AudioPlayer.add_decoder<EasyDec_WavCnv2ch>(".WAV");
  AudioPlayer.outputVolume(0.5);  // Volume control
  skip_btn.fall(&skip_btn_fall);  // button setting
```

「AudioPlayer.add_decoder<EasyDec_WavCnv2ch>(".wav")」は、「オーディオ再生
ライブラリ」にWAVファイルデコーダ「EasyDec_WavCnv2ch」を登録しています。

デコーダを自作することで、「オーディオ再生ライブラリ」で再生させるファイル
フォーマットを増やすことができます。

54

[2-2] 「GR-LYCHEE」を動かしてみる

「AudioPlayer.outputVolume(0.5)」は、ボリューム調整です。
音が大きい、小さいと言った場合は、この関数で調整できます。

「skip_btn.fall(&skip_btn_fall)」は、「USER_BUTTON0」が押されたときにコール
する関数を登録しています。
「カメラのプログラム」は、ボタンを押し続けている間、常に処理を実行するプログ
ラムでしたが、このプログラムは、ボタンが1回押さると、1回だけ処理を実行します
（立下がりエッジ割り込み）。

*

main関数の後半部分、ループ処理を見ていきます。

【リスト2-2-17】main.cpp（後半部分）

```
while (1) {
  storage.wait_connect();
  d = opendir("/"MOUNT_NAME"/");  // file search
  while ((p = readdir(d)) != NULL) {
    size_t len = strlen(p->d_name);
    if (len < FNAME_LEN) {
      sprintf(file_path, "/%s/%s", MOUNT_NAME, p->d_name); // make file path
      printf("%s¥r¥n", file_path);
      AudioPlayer.play(file_path); // playback
    }
  }
  closedir(d);
}
}
```

「storage.wait_connect( )」により、「USBメモリ」か「SDカード」のどちらかが検出さ
れるまで待っています。

「d = opendir("/"MOUNT_NAME"/")」は、接続されたストレージ機器（「USBメモ
リ」、または、「SDカード」）のルートフォルダを解析する準備をしています。

「while ((p = readdir(d)) != NULL) {」によって、ルートフォルダ内のファイルを読み
出しています。
ファイルが見つかると、そのファイルを開くためのファイルパスを作り、「オーディ
オ再生ライブラリ」に渡します。
そのファイルが再生可能かどうかは、「オーディオ再生ライブラリ」が判断します。

*

再生したいファイルがあらかじめ決まっている場合は、さらに簡潔に書くことがで
きます。
たとえば、「01.wav」というファイルを再生する場合は、次のようになります。

第2章 ソフト編

[リスト2-2-18]「01.wav」を再生するプログラム

```cpp
#include "mbed.h"
#include "SdUsbConnect.h"
#include "EasyPlayback.h"
#include "EasyDec_WavCnv2ch.h"

int main() {
  EasyPlayback AudioPlayer;
  AudioPlayer.add_decoder<EasyDec_WavCnv2ch>(".wav");
  AudioPlayer.outputVolume(0.5);
  SdUsbConnect storage("storage");
  storage.wait_connect();
  AudioPlayer.play("/storage/01.wav");
```

第3章

無線接続編

この章では、無線コンボ・モジュール「ESP-WROOM-32」の使い方について解説していきます。

3-1　「無線接続」の概要

■ 無線モジュール

「GR-LYCHEE」には、「Wi-Fi」と「Bluetooth」の機能が使える無線コンボ・モジュール「ESP-WROOM-32」が搭載されています。

この「ESP-WROOM-32」は、以下の機能が使えます。

表3-1-1　「ESP-WROOM-32」の無線仕様

Wi-Fi	IEEE 802.11b/g/n対応（2.4GHz）
Bluetooth	Bluetooth Classic および BLE（4.2）に対応

●「ESP-WROOM-32」のファームウェア

「ESP-WROOM-32」は、ファームウェアを書き換えることで、さまざまな機能を実装できます。

「ESP-WROOM-32」のプロジェクトは、「Espressif Systems（GitHub）」で公開されています。

https://github.com/espressif

●「ESP-WROOM-32」のデバッグ

「ESP-WROOM-32」のデバッグやファームウェアの書き込みには、「ESP32シリアルブリッジ」を利用できます。

「ESP32シリアルブリッジ」は、「ESP-WROOM-32のUART通信」と「PCのUSB通信」をブリッジするプログラムです。

https://os.mbed.com/users/dkato/code/GR-LYCHEE_ESP32_Serial_Bridge/

第3章 無線接続編

　PCのターミナルソフトを使うことで、「ESP-WROOM-32」への「UART通信」を、ターミナルソフト上から行なうことができます。

　「ESP32シリアルブリッジ」を使い、ターミナル接続を行なう際には、普段プログラムを書き込む際に利用する「MicroUSBコネクタ(ソフト書き込み用)」ではなく、「MicroUSBコネクタ(RZ/A1LU Ch.0)」を利用します。

　また、「GR-LYCHEE」のボタンで、「ESP-WROOM-32」の端子を制御できます。

　ボタンを押すと、対応する「ESP-WROOM-32」の端子が「LOW」になり、離すと「HIGH」になります。

表3-1-2 「GR-LYCHEE」のボタンと「ESP-WROOM-32」の端子の対応

GR-LYCHEE	ESP-WROOM-32
USER_BUTTON0	EN端子
USER_BUTTON1	IO0端子(BOOT端子)

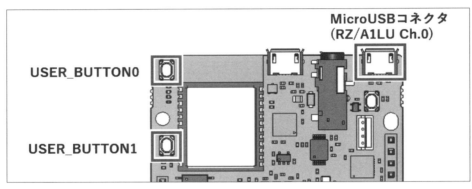

図3-1-1 ターミナル接続時の「USB端子」と「ボタン」の位置

＊

　「ESP-WROOM-32」をリセットして書き込まれたファームウェアを動かす際には、「USER_BUTTON0」を短く押します。

　「ESP-WROOM-32」にファームウェアを書き込む際には、「書き込みモード」で起動させます。

　「書き込みモード」は、「USER_BUTTON1」を押しながら「USER_BUTTON0」を短く押すと起動します。

　「ESP-WROOM-32」へのファームウェア書き込みの詳細は、「ESP32シリアルブリッジ」ページを参照してください。

＊

　ターミナルソフトで「ESP-WROOM-32」と通信する際には、ターミナルソフトの「シリアル通信設定」を表3-1-3のように設定してください。

　また、ターミナルソフトから送信する「改行コード」の設定は、「CR+LF」としてください。

[3-1] 「無線接続」の概要

表3-1-3 「ESP32シリアルブリッジ」使用時のシリアル通信設定

項　目	値
ボーレート	115200
データビット	8bits
パリティビット	none
ストップビット	1bit
フロー制御	none
改行コード	CR+LF

■「ESP-WROOM-32」の初期ファームウェア

「GR-LYCHEE」に搭載されている「ESP-WROOM-32」には、初期ファームウェアとして「ATコマンド」が使えるファームウェア、「esp32-at」が書き込まれています。

```
https://github.com/espressif/esp32-at
```

「ATコマンド」は、通信機器の制御や設定のためのコマンドセットです。
「esp32-at」で使える「ATコマンド」は、以下のURLで説明されています。

```
https://github.com/espressif/esp32-at/blob/master/docs/ESP32_AT_
Commands_Set.md
```

●「ATコマンド」を使ってみよう

「ESP32シリアルブリッジ」を「GR-LYCHEE」に書き込んで、ターミナルソフト上から「ATコマンド」を送信してみましょう。

*

ターミナルソフト上に「ready」と表示されたら、「AT」と打ち込んで「Enterキー」を押してみましょう。

すると、「ESP-WROOM-32」から「OK」と返ってくるはずです。

```
ready
AT

OK
```

*

次に、Wi-Fiのモードを「ステーション(STA)モード」に設定します。

「STAモード」は、「ESP-WROOM-32」を「無線クライアント」(無線LAN子機)として使うモードです。

「AT+CWMODE=1」と打ち込んで、「Enterキー」を押してください。

```
AT+CWMODE=1

OK
```

これで、「STAモード」となり、「Wi-Fiアクセスポイント」に接続する準備ができました。

*

どんなWi-Fiアクセスポイントが「ESP-WROOM-32」から見えているか、確認してみましょう。

「AT+CWLAP」を入力し、「Enterキー」を押してください。
「ESP-WROOM-32」から見えている、「Wi-Fiアクセスポイント」の一覧が表示されます。

```
AT+CWLAP
+CWLAP:(5,"TestAP",-71,"xx:xx:xx:xx:xx:xx",11)
+CWLAP:(3,"example_ap",-82,"xx:xx:xx:xx:xx:xx",6)

OK
```

見つかった「Wi-Fiアクセスポイント」に接続してみましょう。
ここでは、「TestAP」に接続する例を記載します。

Wi-Fiアクセスポイント「TestAP」の「パスワード」を、「abcd1234」とした場合に、「AT+CWJAP="TestAP","abcd1234"」と送信すると、ネットワークに接続できます。
もし、接続に失敗した場合は、もう一度同じコマンドを送信してみてください。

```
AT+CWJAP="TestAP","abcd1234"

OK
```

このように、「ESP-WROOM-32」用のファームウェア「esp32-at」では、「ATコマンド」を使うことで「無線接続」ができます。

[3-2] 「Wi-Fi」を使う

3-2　「Wi-Fi」を使う

■「Wi-Fi」を使ったプログラムを動かしてみよう

先ほどはPCのターミナルソフトから「ATコマンド」を直接操作することで、「Wi-Fi
STAモード」での動きを試しました。

一方、「Mbed」のプログラムの中からWi-Fiを操作するときには、「Mbedライブラ
リ」の「esp32-driver.lib」の中にある、「ESP32Interfaceクラス」を使います。

＊

以下の「HelloESP32Interfaceプログラム」のページを開き、Wi-Fiを使ってインター
ネットに接続してみましょう。

```
https://os.mbed.com/users/dkato/code/HelloESP32Interface/
```

「wifi.connect( )」の引数"ssid"と"password"」は、接続先のWi-Fiアクセスポイ
ントの「SSID」と「パスワード」に書き換えて利用してください。

【リスト3-2-1】「main.cpp」の10行目

```
wifi.connect("ssid", "password");
```

では、プログラムの中を見てみましょう。

【リスト3-2-2】HelloESP32Interface main.cpp

```cpp
#include "mbed.h"
#include "ESP32Interface.h"
#include "TCPSocket.h"

ESP32Interface wifi(P5_3, P3_14, P7_1, P0_1);

int main() {
  printf("NetworkSocketAPI Example\r\n");

  wifi.connect("ssid", "password");
  printf("IP address: %s\r\n", wifi.get_ip_address());
  printf("MAC address: %s\r\n", wifi.get_mac_address());

  TCPSocket socket(&wifi);
  socket.connect("4.ifcfg.me", 23);

  char buffer [64] ;
  int count = socket.recv(buffer, sizeof(buffer));
  printf("public IP address is: %.15s\r\n", &buffer [15] );
```

61

第3章 無線接続編

```
  socket.close();
  wifi.disconnect();

  printf("Done¥r¥n");
}
```

・5行目

「ESP32Interfaceクラス」の宣言をしています。

「GR-LYCHEE」で「ESP-WROOM-32」を使う場合は、必ずこの端子の組み合わせになります。

```
ESP32Interface wifi(P5_3, P3_14, P7_1, P0_1);
```

・10行目

「wifi.connect()」でWi-Fiアクセスポイントに接続。

接続に成功すると、ネットワーク内のDHCPサーバから「GR-LYCHEE」に「IPアドレス」が割り当てられます。

そして、「printf関数」によって割り当てられた「IPアドレス」が、PCのターミナルソフト上に表示されます。

「MACアドレス」は、「ESP-WROOM-32」が保有しているMACアドレスで、「ESP-WROOM-32」ごとに違う値が設定されています。

同じ「GR-LYCHEE」を使っている限りは、毎回同じ値になります。

```
wifi.connect("ssid", "password");
printf("IP address: %s¥r¥n", wifi.get_ip_address());
printf("MAC address: %s¥r¥n", wifi.get_mac_address());
```

以下では、TCP/IPストリーム型ソケットの「TCPSocketクラス」を宣言しています。

接続先サーバは「4.ifcfg.me」、ポート番号「23」(Telnet)で接続します。

```
TCPSocket socket(&wifi);
socket.connect("4.ifcfg.me", 23);
```

「4.ifcfg.me」サーバから64byteのデータを受信します。

受信したデータの中には今回の通信で「GR-LYCHEE」が使っていた「グローバルIPアドレス」が格納されています。

```
char buffer [64] ;
int count = socket.recv(buffer, sizeof(buffer));
printf("public IP address is: %.15s¥r¥n", &buffer [15] );
```

使い終わったソケットをクローズし、Wi-Fiネットワークを切断して、終了です。

```
socket.close();
wifi.disconnect();
```

[3-2] 「Wi-Fi」を使う

このように、Mbedプログラムの中からWi-Fi接続を行なう場合は、「ESP32Interfaceクラス」を使ってWi-Fiアクセスポイントに接続し、「TCPSocketクラス」を使ってTCP/IPの通信を行ないます。

このプログラムで「ESP-WROOM-32」に送信した「ATコマンド」が知りたい場合は、5行目の「ESP32Interfaceクラス」宣言の引数の最後に、「true」と追加してみましょう。
「デバッグ表示」が有効になり、ターミナルソフトで「ATコマンド」のやり取りが見えるようになります。

```
ESP32Interface wifi(P5_3, P3_14, P7_1, P0_1, true );
```

■「Webカメラ」を使ってみよう

以下の「Webカメラのプログラム」のページを開き、「Webカメラ」を使ってみましょう。

```
https://os.mbed.com/users/dkato/code/GR-Boards_WebCamera/
```

「GR-LYCHEE」は「Webサーバ」となり、PCやスマートフォンのWebブラウザから「GR-LYCHEE」にアクセスすると、以下の情報が表示されます。

・カメラで取り込んだ画像
・「I²Cバス」につながったデバイスの制御画面
・「GR-LYCHEE」に搭載されたLEDの「ON/OFF」操作画面

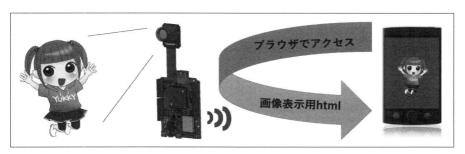

図3-2-1 「Webカメラのプログラム」の動作イメージ

第**3**章　無線接続編

●利用するライブラリ

このプログラムで使うライブラリは、次の通りです。

表3-2-1　「Webカメラのプログラム」で利用するライブラリ

ライブラリ	説　明
mbed-os	Mbed OSライブラリ
mbed-gr-libs	GRボード用ライブラリ群
esp32-driver	「ESP-WROOM-32」ドライバ
HttpServer_snapshot	MbedデバイスをWebサーバとして使う。
mbed-rpc	リモート・プロシージャ・コール。 「Webブラウザ」から「Mbedデバイス」を操作するために使う。

●ネットワークへの接続方法を選択

プログラムをビルドする前に、ネットワークへの接続方法を指定します。

「main.cpp」の下記マクロを設定することで、ネットワークへの接続方法を選択できます。

【リスト3-2-3】ネットワーク接続方法の指定

```
/** Network setting **/
#define USE_DHCP            (1)
#if (USE_DHCP == 0)
  #define IP_ADDRESS        ("192.168.0.2")
  #define SUBNET_MASK       ("255.255.255.0")
  #define DEFAULT_GATEWAY   ("192.168.0.3")
#endif
#define NETWORK_TYPE        (0)
#if (NETWORK_TYPE >= 1)
  #define SCAN_NETWORK      (1)
  #define WLAN_SSID         ("SSIDofYourAP")
  #define WLAN_PSK          ("PSKofYourAP")
  #define WLAN_SECURITY     NSAPI_SECURITY_WPA_WPA2
#endif
```

表3-2-2　「USE_DHCP」の設定値

設定値	説　明
0	DHCPサーバは使わず、IPアドレスを静的に設定。 「IP_ADDRESS」「SUBNET_MASK」「DEFAULT_GATEWAY」で設定する。
1	DHCPサーバからIPアドレスを自動取得。

[3-2] 「Wi-Fi」を使う

表3-2-3 「NETWORK_TYPE」の設定値

設定値	接続方法	補 足
0	Ethernet	GR-PEACHのみ
1	BP3595	別途 BP3595 が必要
2	ESP-WROOM-32 STA モード	GR-LYCHEEのみ
3	ESP-WROOM-32 AP モード	GR-LYCHEEのみ

表3-2-4 「SCAN_NETWORK」の設定値（Wi-Fi STAモード時のみ）

設定値	説 明
0	「WLAN_SSID」「WLAN_PSK」「WLAN_SECURITY」に設定されたアクセスポイントに接続。
1	「アクセスポイント」の一覧をターミナルソフト上に表示。一覧から「アクセスポイント」を選択し、パスワードを入力すると接続。

「NETWORK_TYPE = 1 or 2」で動作させる場合、「WLAN_SSID」「WLAN_PSK」「WLAN_SECURITY」は接続先アクセスポイントの情報を設定します。

ただし、「SCAN_NETWORK = 1」の場合はこれらの値は参照されず、ターミナルソフト上に表示されるスキャン結果を基に接続先を選択します。

「NETWORK_TYPE = 3」で動作させる場合、「WLAN_SSID」「WLAN_PSK」「WLAN_SECURITY」は、「ESP-WROOM-32」が公開するアクセスポイントの情報となります。

＊

今回は、「ESP-WROOM-32」を「Wi-Fi APモード」で使います。

「NETWORK_TYPE」を「3」に変更してください。

```
#define NETWORK_TYPE        (3)
```

公開するアクセスポイントの情報は、以下のように設定してください。

```
#define WLAN_SSID           ("GR-LYCHEE-AP")
#define WLAN_PSK            ("abcd1234")
#define WLAN_SECURITY       NSAPI_SECURITY_WPA_WPA2
```

65

第3章 無線接続編

●画質の調整

「main.cpp」の次のマクロを設定することで、Webブラウザ上に表示するカメラ画像の画質を調整できます。

【リスト3-2-4】カメラの画質設定

```
/** JPEG out setting **/
#define JPEG_ENCODE_QUALITY     (75)
#define VFIELD_INT_SKIP_CNT     (0)
```

「JPEG_ENCODE_QUALITY」は、JPEGエンコード時の品質(画質)を設定します。

設定の範囲は「1〜75」です。数値が高いほうがキレイな画像になりますが、データサイズが増加し、表示の遅延も大きくなります。

「VFIELD_INT_SKIP_CNT」は、カメラから入力されたデータをどれくらいの頻度で読み捨てるかを設定します。

カメラ画像が入力されると「JPEGエンコード」の処理が実行されますが、「GR-LYCHEE」の付属カメラのように、フレームレートが高いカメラを使う場合には、負荷が高くなります。

*

今回は処理と通信の負荷すくなくするため、このように設定してください。

```
#define JPEG_ENCODE_QUALITY     (50)
#define VFIELD_INT_SKIP_CNT     (3)
```

●実際に動かしてみよう

PCのターミナルソフトを起動した状態で、「GR-LYCHEE」の「リセット・ボタン」を押すと、以下の起動画面が表示されます。

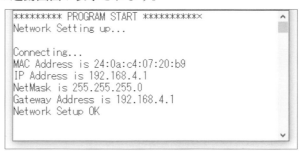

図3-2-2 「APモード」の起動画面

PCやスマートフォンでWi-Fiの一覧を表示すると、「GR-LYCHEE-AP」というアクセスポイントが表示されるようになります。

「GR-LYCHEE-AP」を選択したあと、パスワードに「abcd1234」を入力し、ネットワークに接続してください。

[3-2] 「Wi-Fi」を使う

　Webブラウザを開き、「192.168.4.1」にアクセスすると、図3-2-3のトップ画面が表示されるのが確認できます。

・トップ画面
　「トップ画面」は、左側に「メニュー画面」、右側に「プログラムの説明画面」という構成になっており、各メニューをクリックすると、メニューに沿った説明画面が表示されます。

図3-2-3　トップ画面

・Webカメラ画面
　メニュー画面の「Web Camera」をクリックすると、カメラで取り込んだ画像が表示されます。

　「Wait time」のスライダで、カメラ画像の更新タイミングが変更できます(初期値は「500ms」)。

図3-2-4　Webカメラ画面

第3章 無線接続編

・「I²C」によるデバイス制御画面

メニュー画面の「Setting by I2C」をクリックすると、「I²Cバス」につながっているデバイスの制御画面が表示されます。

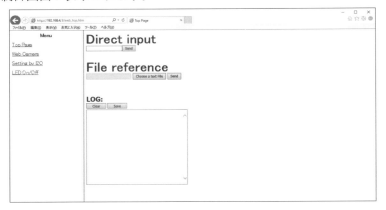

図3-2-5 「I²C」によるデバイス制御画面

「直接入力(Direct input)欄」か「ファイル参照(File reference)欄」から、**リスト3-2-5**のコマンドを送信することで、「I²C」の「I²C_SDA」「I²C_SCL」の端子につながっているデバイスに対して、データの送受信ができます。

「I²Cによるデバイス設定のフォーマット」による送受信の通信ログは、「ログ・ウィンドウ」に表示されます。

また、「Clear」ボタンを押すと「ログのクリア」が行なわれ、「Save」ボタンを押すと「ログの保存」になります。

【リスト3-2-5】「I²C」によるデバイス設定のフォーマット

```
Method:I2C addr,data length,data1,data2,data3,...
```

フォーマットの詳細については、以下のサイトの「I²Cによるデバイス設定のフォーマット」を参照してください。

```
https://os.mbed.com/users/dkato/code/GR-Boards_WebCamera/
```

また、具体的な設定値については、接続先のデバイスの仕様を確認の上、フォーマットに沿ってコマンドを作ってください。

*

以下に「I²C」によるデータ書き込みとデータ読み出しの簡単な例を示します。

リスト3-2-6は、I²Cアドレス「0x90」のデバイスに対して、「0x25 0x45 0x14」の計3Byteのデータ書き込みを行ないます。

[3-2] 「Wi-Fi」を使う

【リスト3-2-6】「データ書き込み」のフォーマット例
```
wr:90,03,25,45,14
```

リスト3-2-7は、I²Cアドレス「0x90」のデバイスに対して、2Byteのデータ読み出しを行ないます。

【リスト3-2-7】データ読み出しのフォーマット例
```
Rd:90,02
```

・LED On/Off画面

メニュー画面の「LED On/Off」をクリックすると、「LED操作画面」が表示され、各スイッチで「GR-LYCHEE」の「LED1」～「LED4」のON/OFFの切り替えができます。

また、スイッチはそれぞれ「GR-LYCHEE」の「LED1」～「LED4」の現在の状態を表わしており、ONにすると対応するLEDの色になります。

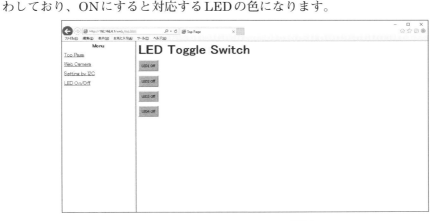

図3-2-6　LED On/Off画面

●処理の流れ

では、「Web Cameraプログラム」の処理の流れについて、簡単に説明します。

＜リセットスタート時＞

①「file_table.h」に書かれたWebページ用データ(「.htmファイル」と「.jsファイル」のバイナリデータ)を「FileSystem」に登録。

②カメラから画像取得を開始。

③Webブラウザから「I²C」での設定、「LED操作」などができるように、「mbed-rpcライブラリ」に登録。

④「DHCPサーバ」から「IPアドレス」を取得(固定アドレスを設定することも可能)。
(なお、以降は取得(設定)したIPアドレスが、「192.168.4.1」であるとして説明)。

⑤「HTTPServer」に「SnapshotHandler(画像用)」「FSHandler(Webページ表示用)」「RPCHandler(操作用)」を登録。

＜「Web Camera」クリック時＞

①「http://192.168.4.1/camera.htm」が開く。

②JavaScript（http://192.168.4.1/camera.js）内の処理が実行され、定期的に「SnapshotHandler」への画像取得要求が発生。

③「GR-LYCHEE」はその画像取得要求を受けると、カメラ画像に対して「JPEG変換」を行ない、そのJPEGデータをWebブラウザに応答する。

「GR-LYCHEE」が送信する画像サイズは「QVGA」（320×240）で、Webブラウザ上で最大「VGA」（640×480）まで拡大される。

「JPEG変換」する際には、「GR-LYCHEE」のハードウェアIPを使うため、変換処理を高速にでき、カメラ画像を瞬時に切り替えることが可能。

＜「Setting by I2C」クリック時＞

①「http://192.168.4.1/i2c_set.htm」が開く。

②「Send」ボタンを押すと、JavaScript（http://192.168.4.1/Mbedrpc.js）内の処理が実行され、「RPCHandler」に操作要求が発生（例　http://192.168.4.1/rpc/SetI2CfromWeb/run,Wr:90,03,25,45,14）。

③「GR-LYCHEE」はRPCHandlerへの操作要求を受けると、「/run,」以降のコマンド部分の解析を行ない、「I²Cドライバ」を使ってI²C通信を行なう。

＜「LED On/Off」クリック時＞

①「http://192.168.4.1/led.htm」が開く。

②各スイッチを操作すると、JavaScript（http://192.168.4.1/Mbedrpc.js）内の処理が実行され、「RPCHandler」に操作要求が発生（例　http://192.168.4.1/rpc/led1/write 1）。

③「GR-LYCHEE」は「RPCHandler」への操作要求を受けると、「mbed-rpcライブラリ」を通してLEDの「ON/OFF」操作を行なう。

④そのあと、「RPCHandler」に「http://192.168.4.1/rpc/led1/read」などの情報取得要求が発生。

⑤「GR-LYCHEE」は「RPCHandler」への情報取得要求を受けると、「mbed-rpcライブラリ」を通してLEDの現在の状態を取得し、Webブラウザに応答する。

[3-3] 「BLE」を使う

■ その他のネットワークを使ったプログラム

他にもさまざまなプログラムが用意されているので、探してみましょう。

＜ Renesas チームページ　コード一覧＞

https://os.mbed.com/teams/Renesas/code/

＜ Mbed Cookbook ＞

https://os.mbed.com/cookbook/Homepage

＜著者の Mbed ユーザーページ　コード一覧＞

https://os.mbed.com/users/dkato/code/

3-3 「BLE」を使う

■ 「BLE」(Bluetooth Low Energy)を使ったプログラムを動かしてみよう

「BLE」を使って、「スマートフォン」との通信を試してみましょう。

＊

「ESP32」の初期ファームウェアには、**表3-3-1**に示す「GATT プロファイル」が用意されています。

このプロファイルを利用して、「GR-LYCHEE」と「スマートフォン」のデータをやり取りします。

今回のサンプルでは、「GR-LYCHEE」がサーバで、「スマートフォン」がクライアントです。

表3-3-1　ESP32初期ファームウェアのGATTプロファイル

UUID	アクセス・プロパティ	サイズ(バイト)	Characteristic番号
A002	Read	2	–
C300	Read	1	1
C301	Read	512	2
C302	Write	1	3
C303	Write Without Response	3	4
C304	Write	2	5
C305	Notify	5	6
C306	Indicate	5	7

第3章　無線接続編

・UUID

「Primary Service UUID」(0x2800)の設定におけるサービスUUIDとして、「A002」が設定されています。

続いて「Characteristic宣言」(0x2803)で、Characteristic UUID「C300」～「C306」を含めており、各「アクセス・プロパティ」を定めています。

・アクセス・プロパティ

各「アクセス・プロパティ」の詳細は、次の通りです。

表3-3-2　「アクセス・プロパティ」の詳細

プロパティ名	概　要
Read	クライアントから読み込み可能。
Write	クライアントから書き込み可能。書き込みに対して、サーバ(GR-LYCHEE)からのレスポンスがある。
Write Without Response	クライアントからの書き込み可能。 書き込みに対して、サーバ(GR-LYCHEE)からのレスポンスはない。
Notify	サーバ(GR-LYCHEE)がクライアントに「Characteristic」の変更を通知。
Indicate	サーバ(GR-LYCHEE)がクライアントに「Characteristic」の変更を通知。 「Notify」とは、クライアントからの応答も要求する点が異なる。

・サイズ

一度に扱える「バイトデータのサイズ」です。

動的設定値の最大長になります。

・Characteristic番号

ATコマンド「AT+BLEGATTSCHAR?」で得られる、<char_index>の番号です。

プログラムで、「Characteristic」を操作するために使います。

■ プログラム

以下のページを開き、プログラムを実行しましょう。

https://os.mbed.com/users/dkato/code/ESP32_AtBleSample/

ここでは、スマートフォンの「BLE」動作の確認用として、iPhoneアプリの「LightBlue」の画面を例に進めます。

また、「GR-LYCHEE」の動作を出力するシリアルモニタとして、「Tera Term」の画

[3-3] 「BLE」を使う

面を例として扱います。

適宜、アプリケーションをインストールしてください。

*

プログラムを実行すると、「BLE」の「Advertise」(サーバがクライアントに自分の存在を知らせる動作)が始まります。

「LightBlue」のサーチ画面に、「GR-LYCHEE」が表示されます。

また、シリアルモニタには、初期設定の完了とAdvertiseがスタートしたことが表示されます。

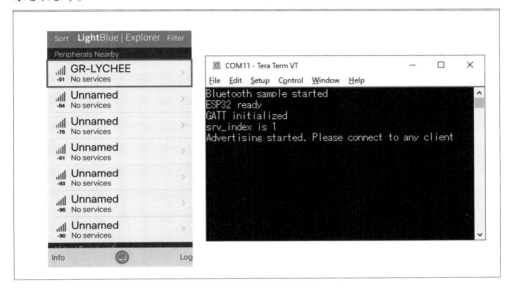

図3-3-1 「Advertise」がスタートしたときの状態

なお、クライアントで検出される名前を変更したい場合は、プログラムの次の部分を変更してください。

```
const char ble_name [] = "GR-LYCHEE";
```

*

サーチされた「GR-LYCHEE」を選択すると、コネクションが確立され、プロパティの表示とともに、「GR-LYCHEE」の「緑LED」が点灯します。

また、シリアルモニタには、「コネクション番号」(conn_index)と「Macアドレス」が表示されます。

「コネクション番号」は、シングル・コネクションでは常に「0」です。

コネクション後に、クライアントがサーバのプロパティを読み込むため、8行に渡ってログが表示されます。

73

第3章 無線接続編

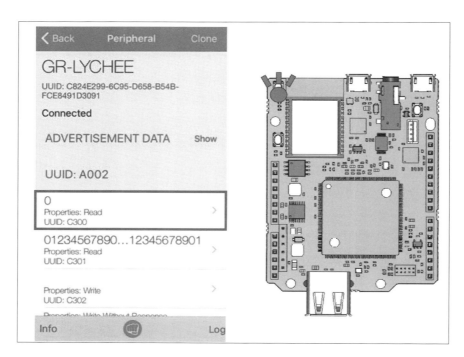

図3-3-2 コネクションが確立したときの状態

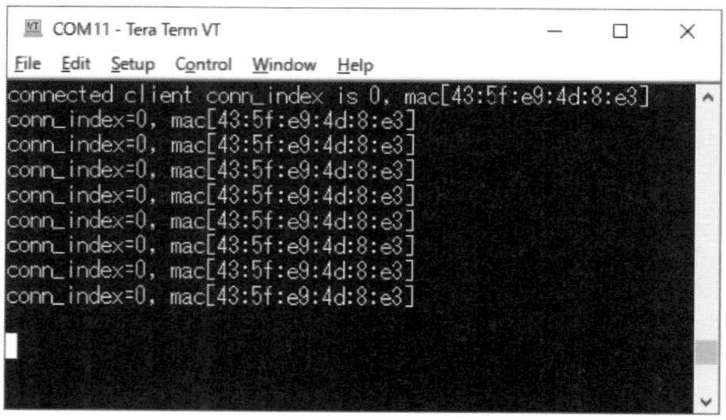

図3-3-3 「コネクション番号」と「Macアドレス」が表示される

[3-3] 「BLE」を使う

■「サーバ」(GR-LYCHEE)から「クライアント」にデータを送る

LightBlueのプロパティ一覧で、UUID「C300」を選択して、中身を見てみます。
初期値として、「0x30」が設定されていることが分かります。

図3-3-4　UUID「C300」の値の表示、「GR-LYCHEE」の「UB0ボタン」を押下

では、「GR-LYCHEE」の「UB0ボタン」を押してください。
　その後、「LightBlue」側で「Read again」を行なうと、次のように「0x01」が書き込まれていることが分かります。
　書き込まれる値は、ボタンを押すごとに「1」を加算しているため、何回か繰り返すと、「0x02」「0x03」が順次書き込まれます。

図3-3-5　「UB0ボタン」を押下した後、UUID「C300」で「Read again」をしたときの値

次に、プロパティ一覧画面に戻り、UUID「C305」を表示します。
「C305」は、「Notification」ができる「Characteristic」です。
「C305」を表示後、「Listen for notifications」を押します。

75

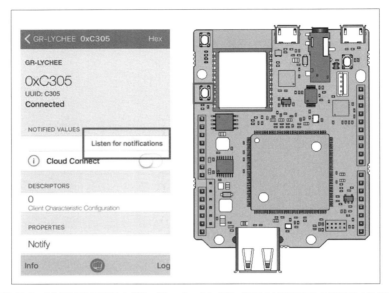

図3-3-6　UUID「C305」の「Notification」をON、「GR-LYCHEE」の「UB1」を押下

＊

次に、「GR-LYCHEE」の「UB1ボタン」を押してください。

「C300」では「Read Again」をしないと値が表示されませんでしたが、「C305」では「UB1ボタン」を押すたびに値が表示されることが分かります。

これが、「Notification」の動作です。

図3-3-7　「UB1」を押下後の値（3回押下）

図3-3-8は、シリアルモニタで、「Listen for notification」を押したところから、「UB1」を押すまでの結果を示したものです。

[3-3] 「BLE」を使う

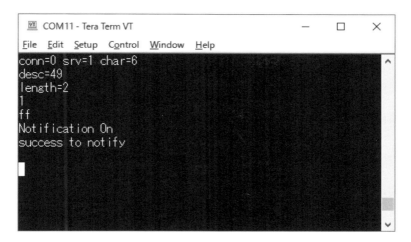

図3-3-8 「Notification ON」と「UB1」押下時のシリアルモニタ

「Listen for notifications」を設定すると、クライアントからサーバに「Notification」の設定変更について通知されます。

「コネクション番号」(conn) が「0」、「サービス番号」(srv) が「1」、そして「キャラ番号」(char) は、**表3-3-1**のUUID「C305」の欄に示される「6」となります。

「デスクリプタ番号」(desc) は「49」、「受信データ」は2バイトで「1」→「0xff」の順に受け取っています。

「デスクリプタ番号」については、「ATコマンド」の仕様が明示されておらず、定かではありませんが、常に「49」です。

「受信データ」の2バイトは、「Notification」のON/OFF設定です。
実際には、最初の1バイト目がON/OFFの設定を示しており、「1」の場合は「ON」、「0xff」の場合は「OFF」になります。

その後、「ATコマンド」の発行が成功したことを示す、「success to notify」が表示されています。

なお、「Notification」ではなく「Indication」の場合は、受信データの最初の1バイトについて、「Indication ON」時には「2」になり、「Indication OFF」時には「0xff」となります。

第3章 無線接続編

■ クライアント(スマートフォン)から、サーバ(GR-LYCHEE)にデータを送る

次に、「スマートフォン」から「GR-LYCHEE」にデータを送ってみます。

プロパティの一覧から「C302」を選択して表示し、そのあと「Write new value」を押し、適当な値(ここでは、「11」)を入力します。

図3-3-9　UUID「C302」に値を書き込む

クライアントから送った"11"が、シリアルモニタでも表示されます。

図3-3-10　UUID「C302」に値を書込んだ後の表示と、シリアルモニタ表示

これで、「GR-LYCHEE」と「スマートフォン」で、双方向の通信ができることが確認できました。

[3-3] 「BLE」を使う

■ プログラムの解説

「BLE」を使ったスマートフォンのアプリなどを開発するには、プログラムをカスタマイズしていくことになります。

そのために、ここではプログラムの一部について解説します。

＊

リスト3-3-1は、「BLE」の初期化部分です。

紙面の便宜上、オブジェクト名は「esp_parser」から「parser」に短縮し、スペースなどを省いています。

【リスト3-3-1】「BLE」の初期化部分

```
// Initializing esp32 as a server with GATT service
parser.setTimeout(5000);
if (parser.send("AT+BLEINIT=2")&&parser.recv("OK")
 &&parser.send("AT+BLENAME=¥"%s¥"",n)&&parser.recv("OK")
 &&parser.send("AT+BLEGATTSSRVCRE")&&parser.recv("OK")
 &&parser.send("AT+BLEGATTSSRVSTART")&&parser.recv("OK")) {
  printf("GATT initialized¥r¥n");
} else {
  printf("fail to initialize¥r¥n");
  led_red = 1;
  while (1);
}
```

「ESP32」の初期ファームウェアは、ATコマンドで「BLE」を制御できるため、Mbedライブラリの「AT_Parser」を使っています。

はじめのATコマンド「AT+BLEINIT=2」で、「GR-LYCHEE」をサーバにしています。

これを「AT+BLEINIT=1」とすると、GR-LYCHEEがクライアントとして動作することができます。

＊

リスト3-3-2の部分は、4種類の「コールバック関数」を登録しています。

【リスト3-3-2】「コールバック関数」の登録

```
esp_parser.oob("+READ:", ble_client_read);
esp_parser.oob("+WRITE:", ble_client_write);
esp_parser.oob("+BLEDISCONN:", ble_client_disconn);
esp_parser.oob("+BLECONN:", ble_client_conn);
```

(a)「＋READ」は、クライアントがサーバの「Characteristic」を読み込んだとき

(b)「＋WRITE」はクライアントがサーバの「Characteristic」に書き込んだとき

(c)「＋BLECONN」はコネクションが確立されたとき

(d)「＋BLEDISCONN」はコネクションが解除されたとき

第3章 無線接続編

に受け取るコマンドの文字列です。

この後に続くコマンド文字列の処理を、「コールバック関数」で行なっています。

＊

リスト3-3-3は、クライアントがサーバの「Characteristic」に書き込んだときに、コールされる関数です。

【リスト3-3-3】クライアントがサーバの「Characteristic」に書き込むと、コールされる関数

```
void ble_client_write() {
  uint8_t char_index, desc_index = 0;
  uint16_t len;

  led_orange = 1;
  esp_parser.recv("%hhd,%hhd,%hhd,",
   &ble_conn_index, &ble_srv_index, &char_index);
  printf("conn=%d srv=%d char=%d\r\n",
   ble_conn_index, ble_srv_index, char_index);

  char c = esp_parser.getc();
  if (c != ',') {
    desc_index = c;
    esp_parser.getc(); // to read ',' after desc_index.
    printf("desc=%d\r\n", desc_index);
  }

  esp_parser.recv("%hhd,", &len);
  printf("length=%d\r\n", len);

  uint8_t *data = (uint8_t *)malloc(len * sizeof(uint8_t));
  for (int i = 0; i < len; i++) {
    data [i] = esp_parser.getc();
    printf("%x\r\n", data [i] );
  }

  if ((desc_index == 49)
  && (char_index == BLE_NOTIFICATION_CHAR)) {
    if (data [0] == 1) {
      printf("Notification On\r\n");
      ble_notification_on = true;
    } else {
      printf("Notification Off\r\n");
      ble_notification_on = false;
    }
  } else if ((desc_index == 49)
  && (char_index == BLE_INDICATION_CHAR)) {
    if (data [0] == 2) {
      printf("Indication On\r\n");
      ble_indication_on = true;
```

[3-3] 「BLE」を使う

```
    } else {
      printf("Indication Off¥r¥n");
      ble_indication_on = false;
    }
  }
  led_orange = 0;
}
```

　非同期で受信するコマンドは、次の形式です。
　「デスクリプタ番号」(desc_index)はオプションのため、値が含まれるときと、そうでないときがあります。

```
+WRITE:<conn_index>,<srv_index>,<char_index>, [<desc_index>] ,<len>,<value>
```

　クライアントからの操作を識別するのに重要なのが、「Characteristic番号」(char_index)、「データ長」(len)、「データ」(data [] 配列)です。
　これらの変数と配列を用いてクライアントの操作に応じた処理をサーバでできます。

　また、前記の動作確認では「Notification」のみ行ないましたが、「Indication」の判定処理もプログラムに含まれています。

＊

　最後に、**リスト3-3-4**は、「GR-LYCHEE」の「UB0ボタン」を押したときに、「Characteristic」の値を変更する部分です。

【リスト3-3-4】「UB0ボタン」を押した際の「Characteristic」の値を変更する部分

```
if (button0_flag) {
  static uint8_t data = 1; // write data
  parser.setTimeout(5000);
  if (parser.send("AT+BLEGATTSSETATTR=%d,1,,1",
   ble_srv_index) && parser.recv(">")) {
    if (esp_parser.putc(data) && esp_parser.recv("OK")) {
      printf("success to send¥r¥n");
    } else {
      printf("fail to send¥r¥n");
    }
  } else {
    printf("fail to command AT¥r¥n");
  }
  esp_parser.flush();
  button0_flag = false;
  data++;
}
```

　使うATコマンドは、次の通りです。

第3章 無線接続編

```
AT+BLEGATTSSETATTR=<srv_index>,<char_index> [,<desc_index>] ,<length>
```

プログラムでは、送るデータ長は「1」固定になっていますが、変更するときはコマンドの<length>部分を変えます。

＊

以上、「ESP32」の初期ファームウェアで使用可能な「BLE用ATコマンド」のプログラムを説明してきました。

なお、3-1節に示した「ESP32シリアルブリッジ」でカスタマイズすることも可能なので、「クライアント・モード」や、「GATTプロファイル」の変更など、アプリケーションに合わせて開発してみましょう。

第4章

コンピュータビジョン編

この章では、「GRプラットフォーム」(GR-LYCHEE)を用いて「画像操作」や「顔検出」を実行するために、Mbed上に構築した、「OpenCVベースのコンピュータビジョン・ライブラリ」の使い方を解説します。

4-1　「OpenCV」の概要

■「OpenCV」とは

「OpenCV」は、クロスプラットフォーム向けの「オープンソース・ライブラリ」です。

「コンピュータビジョン機能」や「コンピュータビジョン・アプリケーション」のビルディング・ブロック(構成要素)を提供します。

具体的には、「画像データの取り込み」「画像処理」「新しい表現にするための変換」などの、高水準なインターフェイスを提供します。

学界と産業界で広く使われており、1999年に導入されて以来、コンピュータビジョンの研究者や開発者のコミュニティの中で、メジャーな開発ツールとして広く使われています。

*

「OpenCV」は、ビジョンの研究を進めて、豊富なビジョン・ベースの「CPU集約型アプリケーション」の開発促進を主導するため、インテルのゲイリー・ブラッドスキー氏が率いるチームによって開発されています。

一連のベータリリース後、2006年に「バージョン1.0」をリリース。2009年には「バージョン2.0」がリリースされ、「C++インターフェイス」など重要な変更が提案されました。

その後、「OpenCV」は将来の発展のため、2012年に「クラウド・ファンディング」による非営利団体(http://opencv.org/)として再編されました。

そして、2013年にライブラリの使いやすさが改善された「バージョン3」がリリースされ、不要な依存関係を取り除いた構造への改訂、大きなモジュールから小さなモジュールへの分割、APIの改良が行なわれています。

「GRプラットフォーム」上に実装した「mbed-opencvライブラリ」は、この「バージョン3」(執筆時点では「3.2」)に基づいて構築されています。

第4章　コンピュータビジョン編

■ 「OpenCV」の課題と本章の目的

「コンピュータビジョン」は、「デジタル画像」や「デジタルビデオ」から高いレベルの理解を得るためのコンピュータ処理を扱う、多種の学問領域をまたぐ分野です。

「コンピュータビジョン」は、「Webカメラ」や「カメラ付き携帯電話」などの多くのデバイスを通じて、コンシューマに身近なものになりつつあります。

そうした中、開発者は、画像を取り込んで変換し、そこから情報を抽出するアプリケーションの需要に直面しています。

「mbed-opencvライブラリ」は、高水準言語と標準化されたデータフォーマットを提供し、これらの需要に応えることができます。

しかし、「OpenCV」は高レベルで相互運用性がありますが、「コンピュータビジョン」に不慣れな開発者にとっては、容易に使いこなせるものではありません。

簡単な処理をしたい場合でも、「OpenCV」の多機能性は、場合によっては複雑なセットアップのプロセスを必要とし、利用可能な機能の、構造的で最適化されたアプリケーションコードへの変換を難しくします。

これらの問題を解決するために、本章では簡単な「セットアップ」と「アプリケーション設計」、そして各機能を簡単に理解するために、実際のアプローチを説明します。

本章の目的は、「OpenCV」の関数とクラスが提供するすべてのオプションを詳細に包含して説明するのではなく、「Mbed」プラットフォームで「コンピュータビジョン・アプリケーション」を構築するために必要な、基本知識を提供することです。

■ 前提となる知識

本章の解説は、「OpenCVライブラリ」の「C++ API」に基づいています。
したがって、「C++」言語の経験があることが、前提になります。

■ 「mbed-opencv」のインストール

「mbed-opencv」は、「Mbed CLI」経由でインストールできます。

```
mbed add https://github.com/gnomons-sw/mbed-opencv mbed-opencv
```

※**附録B**に示す、「ルネサスWebコンパイラ」「IDE for GR」には、OpenCV用の「プロジェクト・テンプレート」と「スケッチ例」が用意されています。
　Eclipseベースの開発環境「e2studio」用のプロジェクトは、次のWebサイトからダウンロードが可能です。
　http://gadget.renesas.com/ja/product/lychee.html

[4-2] 画像加工

「mbed-opencv」は、以下のモジュールから構成されます。

表4-1-1 「mbed-opencv」の構成モジュール

モジュール	概　要
core	コア関数、データ構造、行列演算
imgcodecs	画像ファイルの読み書き
imgproc	画像処理、フィルタ、輪郭抽出、凸部凹上欠損計算
MI	機械学習アルゴリズム
objdetect	オブジェクト検出

4-2 画像加工

■ 画像の「読み込み」と「保存」

「ビジョン・アプリケーション」の作成時に、まず必要となる共通のタスクは、画像の「読み込み」と「保存」です。

これを行なう最も簡単な方法は、高度な関数である「cv::imread( )」と「cv::imwrite( )」を用いることです。

【リスト4-2-1】画像の「読み込み」と「保存」

```cpp
cv::Mat image = cv::imread("/storage/lena.jpg", cv::IMREAD_COLOR);

if (!image.empty()) {
  cv::imwrite("/storage/lena_copy.jpg", image);
}
```

準備として、「lena.jpg」という名前の画像ファイルを、SDカードなどの記憶媒体に保存しておきます。

・1行目

関数「cv :: imread( )」を使って、SDカードの画像を読み込みます。
関数「cv :: imread( )」は、画像の配列を返します。

この配列は、任意次元の配列を表わす「cv :: Matクラス」として格納されます。
関数「cv :: imread( )」は、2つの引数を指定します。
最初の引数は「入力ファイル名」、次の引数は「フラグ」です。
「フラグcv :: IMREAD_COLOR」は、画像が「1チャネル8ビット」の「3チャネル画像」としてロードされることを示します。

85

第4章 コンピュータビジョン編

　画像が「グレースケール」であっても、読み込んだメモリ内の画像は「3チャネル」で構成され、すべてのチャネルに同じ情報が含まれます。

　フラグ「cv :: IMREAD_GRAYSCALE」を選択すると、ファイル内のチャネル数に関係なく、画像は「グレースケール」として読み込まれます。

　「cv :: imread( )」は、画像を読み込めない場合でも、ランタイムエラーを出しません。
単に空の「cv :: Mat」を返します。
　したがって、**3行目**で画像が正常に読み込まれたかどうかを調べます。
　読み込んだ画像配列が「空」でない場合は、次のステップに進みます。

・**4行目**
　関数「cv :: imwrite( )」を使って、メモリからSDカードに画像を保存します。
　最初の引数で「保存したいファイル名」を指定し、保存形式を決定する拡張子も入れます。
　本書執筆時点では、ライブラリは以下2つの拡張子をサポートしています。

表4-2-1　サポートする拡張子

拡張子	概　要
.jpg (.jpeg)	ベースラインJPEG形式の「8ビット1チャンネル」、または「8ビット3チャンネル」の入力をサポート。
.bmp	BMP形式の「8ビット1チャンネル」、または「8ビット3チャンネル」の入力をサポート。 2番目の引数は、保存する画像配列を示す。

　すべて正常に動くと、SDカードに「lena_copy.jpg」というファイルが保存されます。

図4-2-1　画像の「読み込み」と「保存」

[4-2] 画像加工

■ 描画

「cv∷line( )」「cv∷rectangle( )」「cv∷circle( )」といった、最も基本的な3つの描画関数を用いて描画します。

【リスト4-2-2】描画処理

```
#define COLOR_BLACK cv::Scalar(0, 0, 0)
#define COLOR_BLUE cv::Scalar(255, 0, 0)
#define COLOR_GREEN cv::Scalar(0, 255, 0)
#define COLOR_RED cv::Scalar(0, 0, 255)
#define COLOR_WHITE cv::Scalar(255, 255, 255)

cv::Mat drawings = cv::Mat(300, 300, CV_8UC3, COLOR_BLACK);
cv::line(drawings, cv::Point(0, 0), cv::Point(300, 300), COLOR_GREEN);
cv::rectangle(drawings, cv::Point(10, 10), cv::Point(60, 60), COLOR_BLUE);
cv::rectangle(drawings, cv::Point(50, 200), cv::Point(200, 225),
              COLOR_RED, CV_FILLED);
cv::circle(drawings, cv::Point(150, 150), 25, COLOR_WHITE);

cv::imwrite("/storage/drawings.bmp", drawings);
```

・1〜5行目

いくつかの色を定義します。

色を指定するときは、「cv∷Scalarオブジェクト」を使います。

「RGB表示系」の場合、OpenCVベースのライブラリでは、慣習により、「cv∷Scalar」に対して「B、G、R」の順序で指定する点に注意してください。

たとえば、「cv∷Scalar(255,0,0)」は「青」を意味し、「cv∷Scalar(0,0,255)」は「赤」を意味します。

・7行目

描画キャンバス「drawing」を初期化します。

「幅300画素、高さ300画素」の2次元3チャネルの配列として、黒色で初期化します。

・8行目

線描画を行なうために、関数「cv∷line( )」を呼び出します。

この関数の最初の引数に「描画キャンバス」を指定し、2番目の引数に「線描画の開始点」を指定します。たとえば、ポイント(0,0)は、描画キャンバスの左上隅になります。

87

第4章　コンピュータビジョン編

　3番目の引数には、「線描画の終了点」を指定します。今回の場合、終了点は画像の右下隅(300,300)になります。

　最後の引数では「線描画の色」を指定し、ここでは「緑」を選択します。

　以上の指定によって、「緑色」で(0,0)から(300,300)まで「直線」が描画できました。

・9行目

　関数「cv :: rectangle( )」を呼び出して、「四角形」を描画します。

　4つの引数はそれぞれ、「描画キャンバス」の指定、四角形の左上の座標(10,10)、四角形の右下の座標(60,60)、四角形の線の色として「青色」を指定します。

　以上の指定によって、「縦50画素、横50画素の青色の四角形」が描画できました。

・10～11行目

　関数「cv :: rectangle( )」を呼び出して、矩形を塗りつぶします。

　四角形描画の引数にフラグ「CV_FILLED」を追加することで、塗りつぶし描画を指定します。

・12行目

　「円描画」です。

　2番目の引数は「円の中心点」を指定し、3番目の引数は「円の半径」を指定します。

　以上の指定によって、中心点(150,150)、半径50の「白い円」を描画できました。

・14行目

　描画した画像を「ビットマップ・ファイル」として保存します。

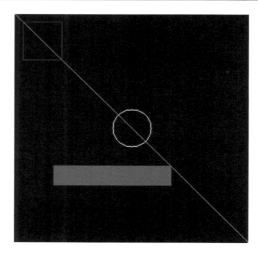

図4-2-2　最終的な描画結果

[4-2] 画像加工

■ 画像変換

ここでは、基本的な「画像変換」について説明します。

「画像変換」とは、「画像移動」「回転」「拡大縮小」「反転」「切り抜き」など、画像に適用される一般的な技術です。

●画像移動

最初に「画像移動」を行なってみましょう。

「画像移動」を利用すると、画像を自由に上下左右に移動できます。

【リスト4-2-3】画像移動

```cpp
cv::Mat image = cv::imread("/storage/lena.jpg", cv::IMREAD_COLOR);

cv::Mat m(2, 3, CV_32FC1);
m.at<float>(0, 0) = 1;
m.at<float>(0, 1) = 0;
m.at<float>(0, 2) = 25;
m.at<float>(1, 0) = 0;
m.at<float>(1, 1) = 1;
m.at<float>(1, 2) = 50;

cv::Mat shifted;
cv::warpAffine(image, shifted, m, image.size());

cv::imwrite("/storage/shifted.jpg", shifted);
```

・1行目

画像の読み込みです。

実際の画像移動は3〜12行目で行ないます。

まず、変換行列「m」を定義します。

この行列は、左右と上下に移動する画素数を定義します。

変換行列「m」は、「浮動小数点配列」として定義します。

これは、OpenCVベースのライブラリが、この行列を「浮動小数点型」にすることを期待しているからです。

行列の最初の行は、[1,0,tx]と定義します。

ここで、「tx」は画像を左右に移動する画素数を示します。

「負の値」の場合は画像を「左」に移動し、「正の値」の場合は画像を「右」に移動します。

89

行列の2番目の行は、[0,1,ty]と定義します。
「ty」は、画像を上下に移動する画素数です。
「負の値」の場合は画像を「上」に移動し、正の値の場合は画像を「下」に移動します。

*

リスト4-2-3では、6行目で「tx = 25」、9行目では「ty = 50」を指定することで、右に「25画素」、下に「50画素」ぶんだけ画像が移動していることが分かります。

・12行目
　関数「cv :: warpAffine( )」を使って、実際の画像移動処理を行ないます。
　最初の引数は「移動したい画像」、2番目の引数は「移動された画像」、3番目の引数は変換行列「m」です。
　最後に、第4引数として「画像のサイズ」(幅と高さ)を指定します。

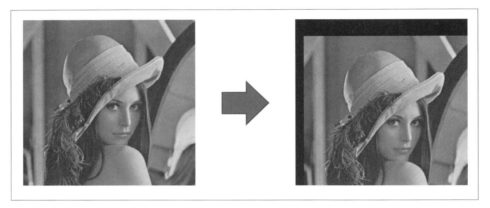

図4-2-3　画像移動

●回転
　次に、画像を角度「θ」だけ回転してみます。

【リスト4-2-4】回転処理
```
cv::Mat image = cv::imread("/storage/lena.jpg", cv::IMREAD_COLOR);

cv::Point center(image.cols / 2, image.rows / 2);
cv::Mat m = cv::getRotationMatrix2D(center, 45, 1);

cv::Mat rotated;
cv::warpAffine(image, rotated, m, image.size());

cv::imwrite("/storage/rotated.jpg", shifted);
```

[4-2] 画像加工

・3行目

　画像を回転するときは、回転の「基準点」を指定する必要があります。

　ほとんどの場合、「画像の中心」が基準点になるでしょう。

　3行目では、画像の「幅」と「高さ」を取得し、それぞれを2で割って「画像の中心点」を求めています。

・4行目

　次に「移動行列」を定義するのと同様に、「回転行列」を定義します。

　「回転行列」を手動で構築する代わりに、4行目で関数「cv :: getRotationMatrix2D( )」を呼び出して、「回転行列」を構築します。

　最初の引数は、画像回転の「基準点」(3行目で求めた画像の「中心点」)を指定し、次の引数に、画像の回転角度「θ」を指定します。

　リスト4-2-4の場合、画像を「45度」回転します。

　最後の引数は、「画像のスケール」を指定するフラグで、値「1」は画像と同じ寸法に指定することを意味します。

　たとえば、値「2」を指定すると画像の大きさが「2倍」になり、値「0.5」を指定すると画像は「半分の大きさ」になります。

・7行目

　関数「cv :: warpAffine( )」によって、画像を回転します。

　この関数の最初の引数は「回転したい画像」を、2番目の引数は「回転された画像」を指定します。

　3番目と4番目の引数は、それぞれ「回転行列」「画像のサイズ(幅と高さ)」の指定です。

・9行目

　45度回転したイメージを保存します。

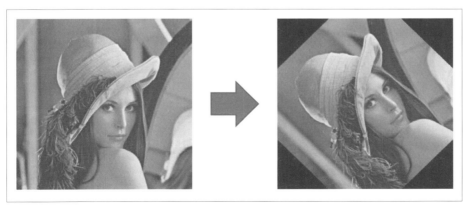

図4-2-4　回転

第4章 コンピュータビジョン編

●拡大縮小

次に、「画像のサイズ」を変更してみます。

【リスト4-2-5】拡大縮小

```
cv::Mat image = cv::imread("/storage/lena.jpg", cv::IMREAD_COLOR);

double r = 150.0 / image.cols;
cv::Size dim(150, int(image.rows * r));

cv::Mat resized;
cv::resize(image, resized, dim);

cv::imwrite("/storage/resized.jpg", resized);
```

「拡大縮小」をするときは、画像の「アスペクト比」(画像の「幅」と「高さ」の比)を覚えておく必要があります。

「アスペクト比」を考慮せずにサイズを変更すると、正しく表示されない結果になるので注意が必要です。

・3行目
　「アスペクト比」の計算処理です。
　ここでは、「新しい画像の幅」を「150ピクセル」と定義します。
　「新しい高さ」と「元の高さ」の比を計算するために、「新しい幅」(150ピクセル)を「元の幅」で割ったものを、比率「r」として定義します(「元の幅」は、「image.cols」を使って取得します)。

・4行目
　画像の新しい寸法を計算します。
　新しい幅は「150画素」、新しい画像の高さは「元の高さ」に比率「r」を掛けて、整数化することで計算します。

・7行目
　画像の実際の「拡大縮小」の処理は、関数「cv :: resize( )」を使って行ないます。
　最初の引数は「サイズを変更する画像」、2番目は「サイズ変更した画像」、3番目は「新しい画像の計算された寸法」を指定します。

・9行目
　サイズ変更された画像を保存します。

92

[4-2] 画像加工

図4-2-5　画像の縮小

●反転

次に、画像を反転してみましょう。

「x軸」「y軸」のいずれか、またはその両方で画像を反転できます。

【リスト4-2-6】反転

```cpp
cv::Mat image = cv::imread("/storage/lena.jpg", cv::IMREAD_COLOR);

cv::Mat flipped;
cv::flip(image, flipped, 1);

cv::imwrite("/storage/flipped.jpg", flipped);
```

・4行目

画像を反転するには、4行目の関数「cv :: flip( )」を呼び出します。

関数「cv :: flip( )」には、「反転したい画像」「反転した画像」「画像を反転させる反転モード」の3つの引数を指定します。

「反転モード」として値「1」を選択すると、画像は「y軸」の周りに水平に反転します。

同様に値「0」を指定すると、画像は「x軸」の周りに垂直に反転します。

また、「負の値」を指定すると、画像は両方の軸の周りに反転します。

・6行目

反転した画像を保存します。

第4章 コンピュータビジョン編

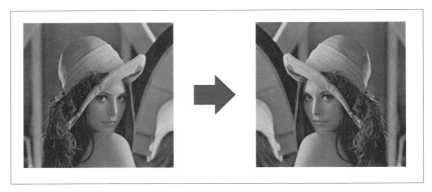

図4-2-6　反転

●切り抜き(クロッピング)

最後に、画像の切り抜き(クロッピング)を行ないます。

切り抜きとは、画像の必要のない外側の部分を取り除く作業です。

【リスト4-2-7】切り抜き

```cpp
cv::Mat image = cv::imread("/storage/lena.jpg", cv::IMREAD_COLOR);

cv::Mat cropped = image(cv::Rect(cv::Point(240, 30),
                                 cv::Point(335, 120)));

cv::imwrite("/storage/cropped.jpg", cropped);
```

・3行目
「切り抜き処理」の実行です。
「切り抜き」の矩形領域を、「左上座標」(240,30)と「右下座標」(335,120)で指定します。

・6行目
切り取った画像を保存します。

図4-2-7　画像の切り抜き(クロッピング)

■ 画像平坦化

「閾値処理」や「エッジ検出」などの画像処理、および「コンピュータビジョン処理」は、画像を最初に「平滑化」(ボカシ処理)することによって、良好な結果を得ることができます。

「平坦化」の手法の中では、「ガウシアン平滑化」が最も有用な方法です。
「ガウシアン・フィルタリング」は、入力画像内の各点を「ガウス・カーネル」で畳み込み、合計して出力配列を生成します。
言い換えれば、対象とする中心画素に近い近傍画素の「重み付け」平均によって、効果的な平坦化を実現します。

【リスト4-2-8】画像平坦化

```cpp
cv::Mat image = cv::imread("/storage/lena.jpg", cv::IMREAD_COLOR);

cv::Mat blurred;
cv::GaussianBlur(image, blurred, cv::Size(5, 5), 0);

cv::imwrite("/storage/blurred.jpg", blurred);
```

・4行目
　関数「cv :: GaussianBlur( )」を選択します。
　関数の最初の引数は「平滑化前の画像」、2番目の引数は「平滑化した画像」、3番目の引数は「ガウス・カーネルのサイズ」を指定します。
　演算速度を考慮し、まず「5×5」の小さなカーネルサイズから始めます。

　最後のパラメータは、x軸方向の標準偏差「σ」です。
　この値を「0」に設定することで、OpenCVベースのライブラリに、カーネルサイズに基づいて標準偏差を自動的に計算するように指示します。

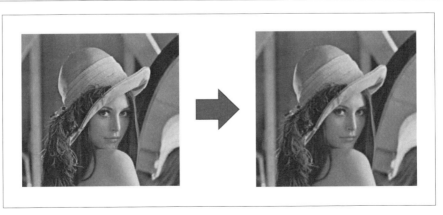

図4-2-8　画像平坦化(ボカシ処理)

第4章 コンピュータビジョン編

4-3 顔検出

■ 画像ファイルの「顔」を検出

画像内にある、「顔」の検出を行なってみましょう。

まず、画像内の「顔」を見つける関数を定義する必要があります。

これらの関数を、「face_detector.cppモジュール」で定義します。

【リスト4-3-1】face_detector.cppモジュール

```
/* Internally store the cascade classifier model */
CascadeClassifier detector_classifier;

/* Initializes the face detector module */
void detectFaceInit(const std::string &filename) {
  // Load the cascade classifier file
  detector_classifier.load(filename);

  if (detector_classifier.empty()) {
    printf("ERROR: Cannot load cascade classifier file¥n");
    CV_Assert(0);
    mbed_die();
  }
}
```

「顔検出ソフト」を構築するために、事前にトレーニングされた「Haarカスケード分類器[1]」を使います。

独自の「分類器」を構築することは、この解説では対象外です。

もし独自の「分類器」を構築する場合は、「陽性」と「陰性」の画像をたくさん用意することが必要になります。

「陽性」画像には顔を含む画像が含まれ、「陰性」画像には顔がない画像が含まれます。

このデータセットに基づいて、画像内の顔（または顔の欠如）を特徴付ける特徴を抽出し、独自の分類器を構築します。それにはいろいろな作業が必要であり、非常に時間がかかります。

> ※サンプルに含まれる「カスケード分類子ファイル」は、「OpenCVライブラリ」を含む、組み込みファイルとは異なります。
> 　「カスケード分類子ファイル」の検出フェーズの数を減らし、「GR-LYCHEE」のメモリサイズに適合させます。

「分類器」は、画像を左から右に上から下に、さまざまなスケールのサイズでスキャンすることによって動作します。

[4-3] 顔検出

　画像を左から右に、上から下に走査することは、「スライディング・ウィンドウ」アプローチと呼ばれます。

　ウィンドウが左から右へ、上から下へ、一度に1ピクセルずつ移動すると、「分類器」は、「分類器」に与えたパラメータに基づいて、現在のウィンドウに顔があると「思う」かどうかを尋ねます。

【リスト4-3-2】「顔」を見つける関数の定義

```cpp
using namespace cv

/* Detects a face in an image */
void detectFace(const Mat &img_gray, Rect &rect_face) {
  if (detector_classifier.empty()) {
    printf("ERROR: Cannot load cascade classifier file\n");
    CV_Assert(0);
    mbed_die();
  }

  // Perform detected the biggest face
  std::vector<Rect> rect_faces;
  detector_classifier.detectMultiScale(img_gray, rect_faces,
                                       DETECTOR_SCALE_FACTOR,
                                       DETECTOR_MIN_NEIGHBOR,
                                       CASCADE_FIND_BIGGEST_OBJECT,
                                       Size(DETECTOR_MIN_SIZE,
                                       DETECTOR_MIN_SIZE));

  if (rect_faces.size() > 0) {
    // A face is detected
    rect_face = rect_faces[0];
    } else {
    // No face is detected, set an invalid rectangle
    rect_face.x = -1;
    rect_face.y = -1;
    rect_face.width = -1;
    rect_face.height = -1;
  }
}
```

・4行目
　「CascadeClassifierインスタンス」を作り、これを「detector_classifier」という名前にします。

・9行目
　「分類器」を読み込みます。この分類子は、「XMLファイル」としてシリアライズされます。

97

第4章　コンピュータビジョン編

　メソッド「load( )」を呼び出すと、「カスケード分類器」がどこにあるかを示す単一のパラメータを取得し、「分類器」を逆シリアル化してメモリにロードして、画像内の「顔」を検出できるようにします。

・19行目

　画像内の「顔」を実際に見つけるための「detectFace( )」関数を定義します。
　この関数の2つの引数は、「顔」を検出したい画像として、グレースケールの「img_gray」と、顔の境界ボックスを含む戻り値である矩形画像「rect_face」を指定します。
　「rect_face」は、「顔の位置」(x,y)と、「ボックスの幅と高さ」を示します。

・28行目

　「分類器」のメソッド「detectMultiScale( )」を呼び出すことで、画像内の実際の「顔」を検出し、処理します。
　顔検出の対象となる画像「img_gray」と、顔の境界ボックス情報の「rect_faces」の2つの引数のほかに、以下の引数を指定します。

表4-3-1　指定する引数

引　数	概　要
DETECTOR_SCALE_FACTOR	各画像スケール間でどれだけの画像サイズが縮小されるかを指定。 この値は、複数のスケールにより大きさの異なる顔を検出するための「スケール・ピラミッド」を作るために利用されます。 (たとえば、一部の顔は前にあるため大きく、他の顔は後ろにあるため小さく写っているので、多様なスケールに対応した処理が必要になります)。
DETECTOR_MIN_NEIGHBOR	「カスケード分類器」が、「顔」の周りに隣接する複数のウィンドウを「顔」として検出する性格を利用し、「顔検出した近接ウィンドウの最低数」を指定して、それ以上である場合のみ「顔」としてラベリングするための引数です。 値が大きくなると検出信頼性は上がりますが、見逃してしまう率も上がります。
CASCADE_FIND_BIGGEST_OBJECT	画像内で「最大の顔」を見つけます。
サイズ(DETECTOR_MIN_SIZE, DETECTOR_MIN_SIZE)	ウィンドウの「最小サイズ」を示す「幅」と「高さ」(画素単位)を指定します。 このサイズより小さい境界ボックスは無視されます。

＊

　以上で、画像内の「顔」を見つける関数を定義できたので、それらを適用して「顔検出」を行ないます。

あらかじめ、「lbpcascade_frontalface.xml」ファイルをSDカードに保存しておいてください。

【リスト4-3-3】画像ファイルの「顔検出」

```cpp
cv::Mat frame_gray = cv::imread("/storage/lena.jpg", cv::IMREAD_GRAYSCALE);

detectFaceInit("/storage/lbpcascade_frontalface.xml");

cv::Rect face_roi;
detectFace(frame_gray, face_roi);

if (face_roi.width > 0 && face_roi.height > 0) {
  cv::rectangle(frame_gray, face_roi, cv::Scalar(255, 255, 255));
}

cv::imwrite("/storage/detected_face.jpg", frame_gray);
```

・1行目
　JPEG画像を読み込んで、「グレースケール画像」に変換します。

・3行目
　「XML分類器」へのパスを指定して、「顔検出器」を初期化します。

・6行目
　関数「detectFace( )」を呼び出して、画像内の「顔」を検出します。

・9行目
　検出した「顔」の境界を矩形描画します。

・12行目
　検出した「顔」を保存します。

図4-3-1　顔検出

第4章 コンピュータビジョン編

■「カメラ」を用いた「顔」の検出

次に、「カメラ」を使って「顔検出」を行ないます。
あらかじめ、「カスケード分類器」をSDカードに保存しておいてください。

【リスト4-3-4】カメラを使った「顔検出」

```
camera_start();
detectFaceInit("/storage/lbpcascade_frontalface.xml");
Mat frame_gray;        // Input frame (in grayscale)
while (1) {
  // Retrieve a video frame (grayscale)
  create_gray(frame_gray);
  if (frame_gray.empty()) {
    printf("ERR: There is no input frame, retry to capture\n");
    continue;
  }

  // Detect a face in the frame
  Rect face_roi;
  detectFace(frame_gray, face_roi);

  if (face_roi.width > 0 && face_roi.height > 0) {
    // A face is detected
    printf("Detected a face X:%d Y:%d W:%d H:%d\n",
           face_roi.x, face_roi.y, face_roi.width, face_roi.height);
  }
}
```

・1行目
カメラ撮影を開始します。

・2行目
「カスケード分類器」を初期化します。

・6行目
カメラから受信した画像を「OpenCVグレースケール・アレイ」に変換します。

・14行目
関数「detectFace( )」を呼び出すことで、画像(この場合は、「カメラフレーム」)内
の「顔」を検出します。

・18行目
検出された「顔」の境界矩形の「座標(x,y)」「幅」「高さ」を、ターミナルに出力します。

[4-3] 顔検出

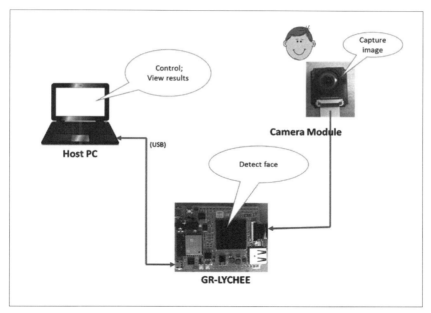

図4-3-2 「カメラ」を用いた画像検出システム

第5章

「W74M」セキュア認証フラッシュメモリ

> この章では「GR-LYCHEE」に搭載されている、「ブート用シリアル・フラッシュメモリ」(ウィンボンド・エレクトロニクス社「W74M」)のもつ、「セキュリティ認証機能」について解説します。

5-1 「認証技術」の概要

■ 認証技術

●「認証機能」のニーズ

「認証」とは、たとえば、

・メールを送りたい相手が、本当送りたい相手主か?

・メッセージを受け取ったけれども、その内容は本当に信じてもいいか?

などを検証することです。

人であれば、相手の顔を見たり、電話で会話したりすることによって、本人の確認ができます。

また、海外旅行に行く際には、「パスポートの顔写真」と「本人の確認」(虹彩や指紋認証)の組み合わせで認証を行ないます。

つまり、本人しか持ち得ないものを、誰からも干渉されることなく相手に提示できれば、認証ができるわけです。

*

それでは、「GR-LYCHEE」のような組み込みシステム上の利用においては、どのような認証があるのでしょうか。

ここで注意したいのは、「誰が」「何に対して」の認証するのかを明確にすることです。

ユーザー側のニーズとしては、次のようなものが考えられます。

①「ソフトウェアIP」(Intellectual Property)をシリアルフラッシュに書き込んでいるが、不正利用されたくない(特定のフラッシュメモリとしか動作できない)ようにしたい。

②「GR-LYCHEE」のような「PCBボード」に固有性を付与し、アプリケーションやサービス運用において「PCBボード」固体を特定(認証)したい。

[5-1] 「認証技術」の概要

①の例では、組み込みソフトが接続されている「フラッシュメモリ・チップ」を認証、②の例では、外部のシステムが「PCBボード」を認証することになります。

これまでは、「固有ID」(IDentifier)を何らかの半導体チップに埋め込み、そのIDを検証することで認証していました。

しかし、後述するように、「固有ID」だけの認証は、特に②のように中間にハッカーが入り込む余地がある場合は安全でないため、セキュリティ技術として標準な認証技術を使うべきです。

＊

課題は、そのような「固有ID＋α」をもつ半導体チップを、どのように実装するかです。

「マイクロプロセッサ」は、そのようなIDをもっていないかもしれませんし、「専用認証チップ」を付加することでコストが上がってしまうかもしれません。

そのような場合、ブート用やデータ用の「シリアル・フラッシュメモリ」として、「W74M」セキュア認証フラッシュメモリ（以降、「W74M」）を使うと、解決できます。

> ※セキュリティの目的については「認証」だけでなく、「暗号化」(秘匿性)などもあります。
> 詳しくは、**p.107**のColumnを参照してください。

●「認証機能」の実現方法

「認証」とは、前述したように、本人(本半導体チップ、本PCBボード)しか持ち得ない情報を検証することに他なりません。

ただし、「固有ID」だけの認証には、限界があります。

もし、そのIDが盗聴され、ハッカーに漏れてしまった場合、ハッカーは正当な送信者になりすまして、過去の盗聴データを悪用するかもしれません。
(通常、情報のやり取りには、「送信者」と「受信者」、「ホスト」と「エッジ」のような、2者間の関係があります)。

つまり、単純なIDではなく、動的に変更でき、表に出さなくても「送信者」と「受信者」の間で同期できる、「別のID」(鍵)を使えればいいわけです。

また、時間経過によって変化する「タイムスタンプ」や、変更が不可能な「カウンタ」を組み合わせることで、仮に過去のメッセージを盗聴されても再利用できない(異常を検出する)という仕組みも、重要なセキュリティ技術になります。

「W74M」は、この2つの手段をもっており、「固有ID」よりも安全な認証を実現できます。

さらに、次に述べる「HMAC認証」(メッセージ認証コード)を導入し、セキュリティ業界標準のアルゴリズムによる認証を実現しています。

先述した「別のID」は、いわゆる「鍵」として、「HMAC認証」で利用します。

第5章 「W74M」セキュア認証フラッシュメモリ

●HMAC認証(メッセージ認証コード)

「HMAC」は「メッセージ認証コード」(MAC=Message Authentication Code)の一種であり、送信者から受信者にメッセージを送る際に、その正当性を保証するために編み出された認証方式※です。

直接、「固有ID」を要求するのではなく、メッセージを「チャレンジ」として相手に送信し、その「レスポンス」を検証することで、認証を行ないます。

メッセージの改ざん検出のために利用される計算アルゴリズムが、「Hash(ハッシュ)関数」であることから「HMAC」と呼ばれています※※。

> ※認証方式には、他にも「デジタル認証」(Digital Signature)があり、第三者による保証が重要になる認証で利用されています(本書では、説明を割愛します)。
>
> ※※メッセージの改ざん検出に「ブロック暗号」(例：AES=Advanced Encryption System)を利用するものを「CMAC」(Cipher based Message Authentication Code)と呼びます。

＊

ところで、「ハッシュ関数」とはどのようなものでしょうか。

この関数は、「一方向性関数」とも呼ばれます。
言葉の意味からも想像できるように、メッセージなどのデータをある「計算規則」によってバラバラにして、逆計算を困難にする値を生成する関数なのです。

生成された値は、「ハッシュ値」や「ダイジェスト」「チェックサム」「フットプリント」と呼ばれます。
入力データが1ビットでも変わってしまうと、「ダイジェスト」はまったく異なる値をもつため、改ざんが検出できるわけです(図5-1-1)。

入力データに、メッセージだけでなく「鍵」も入れることで、「固有ID」とは異なる形で、「固有性」(「認証子」とも言います)を生成できます。

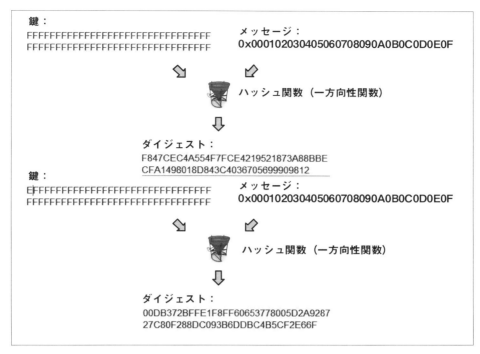

図5-1-1 ハッシュ関数(一方向性関数)の特性

●HMAC-SHA-256

「HMAC」は、「Hashed based Message Authentication Code」(ハッシュ・ベースド・メッセージ認証コード)の略です。

「Hashed」の語源である「Hash」(ハッシュ)とは、「細かく切る」という意味があり、「ハッシュ関数」は裁断したデータを加工して、データの改ざんを検出するための手段として発明された、セキュリティ技術のひとつです。

「ハッシュ関数」の種類には、「SHA-1」や「MD5」などいくつかあり、「W74M」では「SHA-256」※という関数を「メッセージ認証コード」に応用しています。

> ※「SHA」(Secure Hash Algorithm)は、「National Security Agency」(NSA)が設計し、「National Institute of Standards and Technology」(NIST)によって「Federal Information Processing Standard (FIPS) PUB 180-4」として標準化されている計算アルゴリズムです。

「HMAC-SHA-256」は、「256ビット長の鍵」と「可変長のメッセージ」(データ)を入力に、一方向性関数として「SHA-256ハッシュ関数」を利用し、「256ビット固定長」のハッシュ値を生成するメッセージ認証コードです。

図5-1-2に、「SHA-256」による「HMAC認証」の手順を示します。

第5章 「W74M」セキュア認証フラッシュメモリ

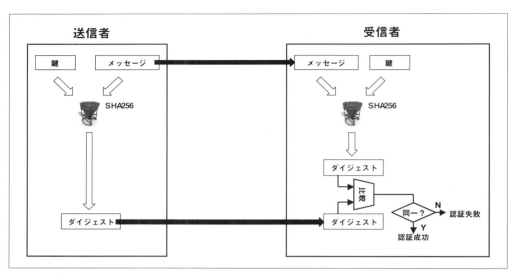

図5-1-2 HMAC-SHA-256認証

　一般的に、組み込みシステムは、何らかの「ホスト」と「エッジ」の2者間の構成をもち、言わば「送信者」と「受信者」の関係があります。

　図5-1-2の例では、「送信者」が「受信者」にメッセージを送る場合です。
　「受信者」は、受信したメッセージが本当に正当な「送信者」から届いたものなのかを認証しています。

　「ハッシュ関数」である「SHA-256」※は、鍵長が「256ビット」の強さをもっている一方向性関数です。
　そして、鍵は事前に「送信者」と「受信者」で共有されています。
　このように、共通の鍵による暗号化技術を「共通鍵方式」※※、または「Symmetric鍵方式」と呼びます。

> ※「ハッシュ関数」は、元の入力データの内容を分からないようにするとともに、「固定長データ」を生成する圧縮技術のひとつとも考えられます。
>
> ※※「共通鍵方式」は、「対称鍵方式」とも呼ばれます。
> 　これに対して、「非対称鍵方式」(Asymmetric鍵方式)も存在します。
> 　「非対称鍵方式」は、鍵の共有(配送)問題を解決できる方式ですが、計算量が多くなるため、ITシステムなどでは、「対称鍵方式」と「非対称鍵方式」を組み合わせた「ハイブリッド方式」がよく使われています。

　「送信者」はメッセージを送信する際に、合わせて「ダイジェスト」を計算し、メッセージとともに送ります。
　「受信者」は、自身で保存している「鍵」と「受信したメッセージ」から、「ダイジェスト」を計算します。

[5-1] 「認証技術」の概要

　そして受信した「ダイジェスト」と比較することで、正当な送信者からのメッセージであることを認証します。

Column 「セキュリティ技術」の概要

　皆さんは、「セキュリティ」と聞くと、どのような想像をするでしょうか。
　「ある企業のサーバがハッキングされて、蓄積されていた個人情報が流出してしまった」「ある企業のネットワークにDDoS攻撃を受けて、インフラシステムが破綻してしまった」「あるシステムがハッキングされてリモートで乗っ取られてしまった」など、ほぼ毎週のようにセキュリティにまつわるニュースが後を絶ちません。

　また、皆さんが普段利用している「クレジットカード」や「交通系カード」、インターネット上での「オンライン・ショッピング」や「電子決済システム」などは、気がつかないところでいろいろなセキュリティ技術が採用されています。
　いまや「金融系カード系のアプリケーション」や「企業向けエンタープライズ・システム」だけでなく、「個人用途向けデバイスやサービス」から「IoT」に代表されるような社会的な基盤にも、セキュリティ技術が幅広く利用されつつあります。
（「ビルの入出管理」や「カメラの監視システム」のようなセキュリティのこととは、意味合いが異なります）。

＊

　では、「セキュリティ技術」には、どのようなものがあるのでしょうか。
　「セキュリティ技術」は、目的に応じて選択され、また複合的に利用されます。
　表5-1-1に「セキュリティ技術の道具箱」と言われる技術要素を掲載します（「暗号技術入門 秘密の国のアリス（結城浩 著）」より）。

表5-1-1　セキュリティ技術の道具箱

暗号ツール	鍵/利用方法	関連暗号技術	対応できる攻撃
対象暗号	共通鍵（秘密鍵）情報の機密化	DES、3DES、AES、鍵配送技術	盗聴
非対称暗号	公開鍵、プライベート鍵、情報の機密化	RSA、ECC、ElGamal、Rabin方式	ブルートフォースアタック
一方向ハッシュ関数	正真性の実現、鍵や平分データの加工	SHA-1、SHA-2、MD4、MD5	改ざん（誕生日攻撃には対抗不可）
メッセージ認証コード（MAC）	認証	HMAC：一方向ハッシュ関数、対象暗号	Man-in-the-Middle攻撃（なりすまし）
デジタル署名	証明書	一方向ハッシュ関数、公開鍵暗号	第三者による証明、否認
議事乱数発生器（PRNG）	鍵、ソルト、ノンス生成	TRNG	再生攻撃

第5章 「W74M」セキュア認証フラッシュメモリ

　一般的にセキュリティ技術を適用する目的には、「秘匿性」「認証」「正真性」の3つがあります。
　目標とするアプリケーションのセキュリティ上の目的を明確にした上で、どの技術要素を選択するべきかを決定します。

　「W74M」では、「認証」機能を実現するために、「HMAC-SHA-256」を搭載しています。

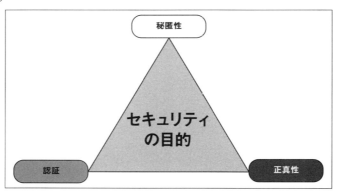

図5-1-3　セキュリティの目的

＊

　ところで、「自分しか知らない独自の方法を使ったほうが安全だ」と思う人もいるのではないでしょうか。
　実は、セキュリティの世界では、「独自技術を使う」(＝隠す)ことによるセキュリティは、ご法度です。
　アルゴリズムや方式が公開され、多くのエキスパートの方々の検証によっても、「破ることは困難」と認められたものを使うべきなのです。

　そして、そのセキュリティ機能を保証する第一原則は、「鍵」を守ることと、実行するソフトの「信頼性」が関わってきます。

※金融系のセキュリティチップには、「耐タンパ性」という、ハードウエアレベルのセキュリティ機能が実装されているものもあります。
　「耐タンパ性」があると、直接プロービング(ICチップを破壊して集積回路に直接アクセスする攻撃)されたり、電力やノイズ解析されたりする攻撃を受けても機密を保護できます。

5-2 アンチ・クローニング、機器認証、通信系の認証

■「W74M」セキュア認証フラッシュメモリで何ができるのか

「GR-LYCHEE」に搭載されているブート用の「シリアル・フラッシュメモリ」には、ウィンボンド社の「W74M」セキュア認証フラッシュメモリ（W74M）が使われています。

通常の「コード・ストレージ」や「データ・ストレージ」としてだけではなく、「HMAC-SHA-256」と呼ばれる業界標準の認証ロジックが、同チップパッケージに内蔵されています。

この機能を応用することで、フラッシュメモリの内容をコピーして不当に再利用される問題の回避（図5-2-1）や、「認証機能」をもたないレガシーなシステムに「認証機能」を付加（図5-2-2）できるようになります。

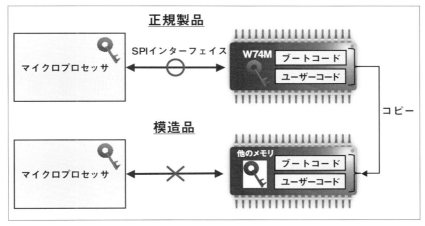

図5-2-1　アンチ・クローニング

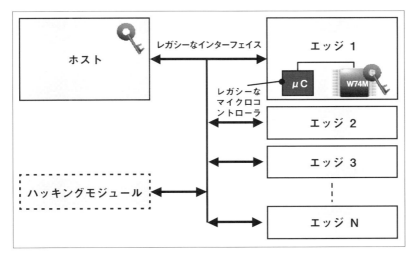

図5-2-2　機器認証

「ブート用」や「データ・ストレージ用」にシリアルフラッシュを利用、また「HMAC-

第5章 「W74M」セキュア認証フラッシュメモリ

SHA256認証」を利用したい場合に、「W74M」を使うことで、上記2つの機能を1チップで、かつ「シリアル・フラッシュメモリ」と同じフットプリントで実装できます。

「RZ/A1LU」は「RZ/A1」シリーズの下位に位置するマイクロプロセッサとなっており、コストが特に繊細なBRICS市場などに拡販されている製品です。

現行製品では、「鍵ストレージ」やハードウエアの「HMAC機能」を内蔵していませんが、「HMI」や「カメラ・インターフェイス」などの豊富な周辺機能を搭載しています。

さらに、「RZ/A1LU」は大容量オンチップRAMとして「3MB」を内蔵し、ユーザー・アプリケーションを高速なRAM上で実行することができます。

ユーザー・アプリケーションをすべてRAMに拡張した後[※]、「シリアル・フラッシュメモリ」間とのホスト・インターフェイスである「SPIマルチI/Oバスコントローラ」を、「外部アドレス空間リードモード」から「SPI動作モード」に切り替えることで、「W74M」内蔵の「HMAC-SHA-256認証機能」を利用できます。

これによって、「アンチ・クローニング」や「機器認証機能」を容易に付加できます。

> ※ソフトの作り方によっては、すべてのコードをRAMに拡張する必要はありません。
> ただし、「**W74M**」へのコマンド発行コードは事前にRAMに拡張しておき、「SPIマルチI/Oバスコントローラ」を「SPIモード」に切り替える必要があります。

また、図5-2-3のようにレガシーな通信系システム[※※]に「HMAC認証」を適用することも考えられます。

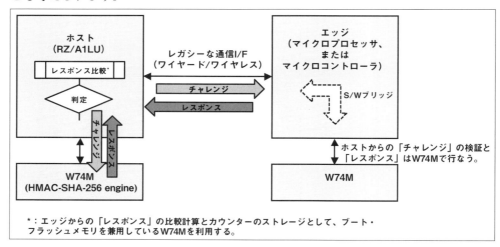

*：エッジからの「レスポンス」の比較計算とカウンターのストレージとして、ブート・フラッシュメモリを兼用しているW74Mを利用する。

図5-2-3　レガシーな通信系システムへの「HMAC認証」の適用

> ※※エッジ側のマイクロプロセッサやマイクロコントローラに「鍵ストレージ」がなく、「ハードウエアHMAC機能」をもっていない場合。

110

[5-2] アンチ・クローニング、機器認証、通信系の認証

　ホスト側は「RZ/A1LU」のCPUパワーを使って、ソフトで「HMAC-SHA-256」の計算を行ないますが、一部の計算やカウンタ(次項にて説明)の参照用に、「ブート・フラッシュメモリ」でもある「W74M」を利用できます。

■「認証機能」を搭載した「W74M」

　「W74M」の特長は、一方向性関数のひとつである「SHA-256アルゴリズム」に基づく、「HMAC認証」の演算ハードを内蔵していることです。

　5-1節の「HMAC認証」(メッセージ認証コード)の内容で、「固有IDとは異なる形で、固有性(認証子とも言います)を生成」と説明しましたが、実際のアプリケーションへの実装では、「固有性データ」だけでは不完全です。
　つまり、セキュリティの世界で言われる「なりすまし攻撃」「Man-In-The-Middle攻撃」(「再生攻撃」とも呼ばれる)などへの対処が必要なのです。

*

　図5-2-4のように、ハッカーは通信を盗聴して、その傍受したメッセージを加工して再利用する可能性があります※。

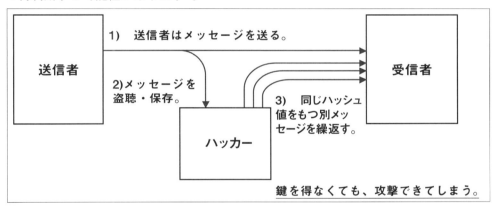

図5-2-4　なりすまし攻撃(再生攻撃)

※同じハッシュ値をもつ別のデータ組み合わせを得られる困難さを、「衝突耐性」と言います。

　この課題に対して、「W74M」では次の2つの機能が搭載されています。

①鍵の不定期更新機能
②不揮発性の「モノトニック・カウンタ」を内蔵

　そして、表5-2-1のように「認証機能」を含むコマンドをサポートしています。
　同時に「W74M」は、標準フラッシュメモリのコマンド体系に対して100%の互換性をもっています。

第5章 「W74M」セキュア認証フラッシュメモリ

表5-2-1 「W74M」の認証コマンドの種類

コマンド	命令セット	説 明
Write Root Key	0x9B + 0x00	大元の共通鍵を設定
Update HMAC Key	0x9B + 0x01	新しい運用鍵を生成
Increment Monotonic Counter	0x9B + 0x02	内部カウンタをインクリメント
Request Monotonic Counter	0x9B + 0x03	認証コマンド 認証が成功したときのみ、正しいカウンタ値とダイジェスト値を取得できる
Status Read	0x96	各コマンド実行後のステータス確認に使用

「マイクロプロセッサ」(または「ホストシステム」)と「W74M」の間では、大元の共通鍵を外に出すことなく「新しい鍵」(HMAC鍵)を生成し、同期することができます。

また、「マイクロプロセッサ」や「ホストシステム」は自由なタイミングでカウンタをインクリメントしていくことができます。

「W74M」は、「認証コマンド」(Request Monotonic Counter)を受け取ると、「HMAC鍵」を鍵、「メッセージ」(タグ)と「内部カウンタ値」をメッセージの入力として、「SHA-256」の計算を行ない、ダイジェストを出力します。

5-1節で説明した「ハッシュ関数」の特性を思い出してください。

つまり、以前に利用されたメッセージと現在のメッセージ自体は同じであっても、「HMAC鍵」やメッセージ入力となる「カウンタ値」が異なるため、「ハッシュ値」(ダイジェスト)は異なることになります。これによって「なりすまし攻撃」に対処できるわけです。

図5-2-5に、「W74M」の認証動作の概略を示します。

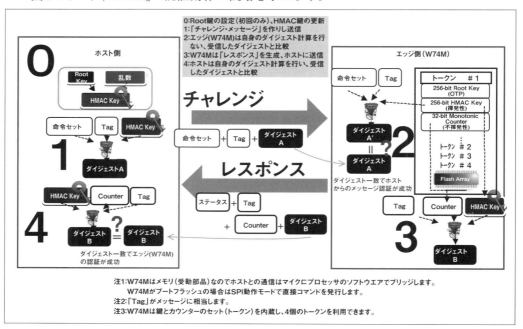

図5-2-5 「W74M」の認証動作

図5-2-5の認証動作（チャレンジ＆レスポンス）は、「Request Monotonic Counter」コマンドと、後に続く「Status Read」コマンドのセットで行ないます。

「Root鍵」は、初回のみ「ホスト」から「エッジ」（W74M）に、「Write Root Key」コマンドで設定します。

「W74M」の仕様や使用方法の詳細については、データシートを参照してください。

5-3 想定されるアプリケーション

■ 業界標準化とセキュリティの脅威

なぜ、セキュリティ機能の実装が謳われているシステムが、ハッキングやデータ改ざんなどの被害に遭うのでしょうか。

実は、100%安全なセキュリティ機能を実装することは、不可能と言われています。

悪意のあるハッカーは、システムの中の脆弱な部分を見つけては、事前に予測もつかないような攻撃を仕掛けてくるからです。

＊

ICT業界や産業系、車載系業界では、インターフェイスやプロトコルなどの規格の標準化が進み、誰でも容易に仕様書を入手できる環境にあります。

そして、開発や解析するためのツールも豊富に利用できます。

つまり、「ハッカーの目的が何か」という疑問はありますが、しようと思えばハッキング攻撃ができる材料が揃っているわけです。

ここに昨今、あらゆるアプリケーションで「セキュリティ」というテーマが上位に上がっている理由があります。

p.107のColumnで説明したように、セキュリティ技術は目的によって最良の技術を組み合わせて実現するべきであり、そのためには、

①想定される攻撃
②何を守りたいのか

を明確にする必要があります。

本章では「認証」のみに焦点を当てていますが、厳密にはさまざまな技術要素を導入し、組み合わせることでセキュリティホールを減らし、攻撃が成功する可能性を抑えることが重要です。

このような流れから、セキュリティ機能を謳ったマイクロプロセッサやマイクロコントローラが出始めています。

しかし、金融系やエンタープライズ、通信系などセキュリティシステムが確立した世界以外の用途では、セキュリティ実装や標準化はまだ発展途上であり、今後、新た

第5章 「W74M」セキュア認証フラッシュメモリ

な半導体チップが出てくると想定されます。

■ 想定されるアプリケーション

「認証」の観点から、どのようなアプリケーションでの利用が想定されるでしょうか。なぜ認証をしたいのか、する必要があるのかを考えることが重要です。

・フラッシュメモリが置き換えられ、PCBボードの改ざんがされていないか。
・「ソフトウェアIP」は不正に利用されていないか。
・リモートでデバイスにアクセスしたが、つながっている先のデバイスは正当(あるいは正規品)であるか。
・データを受信したが、送り主は正当であるか。
・コマンドを受け取ったが、本当に実行してもいいか。

表5-3-1に、想定されるアプリケーション例を記載します。

表5-3-1 「認証」が求められるアプリケーション例

セグメント	アプリケーション
民生系	周辺デバイスやオプションパーツ、カートリッジなどの認証
IoT	クラウド-ゲートウェイ-エッジ間の認証、S/W IPの保護
ビルディング・オートメーション	出入り口のドア管理、リモートサービス時のアクセス認証
産業系	M2M認証、通信システムの認証、製品の真贋性認証
車載系	車載ネットワークの認証、イモビライザー他ボディ制御系の通信認証、バッテリ認証

しかし、セキュリティ機能は単体チップでは成し得ず、システム全体の設計と実装のコラボレーションによって、より堅牢にできるということを認識してください。

また、各業界、アプリケーションごとのセキュリティ標準化の動向も、日々チェックしていく必要があります。

5-4 「GR-LYCHEE」+「W74M」による認証デモアプリケーション

■ アンチ・クローニング

本節では「GR-LYCHEE」と「W74M」を使った、「認証デモアプリケーション」の例として、「アンチ・クローニング」を紹介します。

「W74M」は、「RZ/A1LU」の「ブート・フラッシュメモリ」として使われていますが、内蔵している認証ロジックを応用することによって、ホストソフトウェアがフラッシュメモリ本体を認証(検証)することができます。

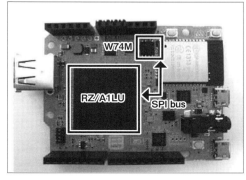

図5-4-1　ブート・フラッシュメモリ「W74M」
　　　　（SPI busでRZ/A1LUと接続）

＊

「アンチ・クローニング」の場合は、「ホストソフトウェア」が工場出荷時のフラッシュメモリの実装を認証することで、アプリケーションの起動許可を制御します。

図5-4-2に、「アンチ・クローニング」を実現する際のフローを示します。

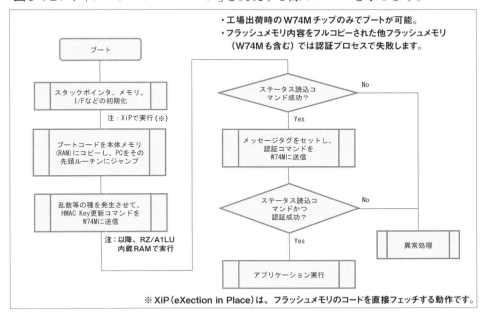

図5-4-2　「アンチ・クローニング」の手順(一種のセキュアブート)

仮に同じ型名をもつ「W74M」であっても、鍵が異なるために認証が失敗し、ブートができなくなります。

第5章 「W74M」セキュア認証フラッシュメモリ

■ 目標仕様と準備

「W74M内蔵HMAC」では、「共通鍵方式」を使います。
「マイクロプロセッサ」と「W74M」は、共通の鍵をもつ必要があります。

　本アプリケーション例では、デモ用にシステムを簡略化するために、パソコンの「通信ターミナル・コンソール」上から直接、「RZ/A1LU」にRoot鍵を手動入力する方法とします※。

> ※製品では、工場内のセキュリティルームでの「Root鍵」の書き込みや、ネットワークやUSBドライブから「公開鍵方式」を使った鍵配布の方法を検討する必要があります。

　また「W74M」への「鍵更新」(Update HMAC Key)と「カウンタ更新」(Increment Monotonic Counter)のコマンド入力、「チャレンジ・メッセージ」を送信する認証(Request Monotonic Counter)コマンドも手動で入力を行ない、認証が成功することでアプリケーションの実行を許可します。

　表5-4-1～表5-4-3に、利用するハードとソフト、開発環境を記載します。

表5-4-1　使用ハード

アイテム	備　考
GR-LYCHEE（RZ/A1LUマイクロプロセッサボード）	パソコンとの通信は、"Mbed"マークのあるUSBポートを使う。
W74Mセキュア・フラッシュメモリ	「GR-LYCHEE」に搭載ずみ。
USBケーブル（マイクロB－タイプA）	「USB信号」と「電源ライン」が付いているもの。

表5-4-2　使用ソフト

アイテム	備　考
Blinky-for-Lychee	GR-LYCHEE用Mbed互換サンプルプログラム。
W74Mセキュア・フラッシュメモリAPIライブラリ	デモ評価版。 「W74M」へのコマンド発行コードはRAMに拡張し、「SPIマルチI/Oバスコントローラ」を「SPIモード」に切り替えられるようにしている。
SHA-2ソフトウェア・ライブラリ（「RZ/A1LU」上で「HMAC-SHA-256」機能を実現するための「SHA-2ハッシュ計算」を行なうソフト）	Aaron Gifford's Implementations of SHA-1、SHA-224、SHA-256、SHA-384、and SHA-512「Secure Hash Algorithm」(SHA)から参照。利用にあたっては、ソースコード先頭に記載の利用条件を参照。 http://www.aarongifford.com/computers/sha.html

[5-4] 「GR-LYCHEE」+「W74M」による認証デモアプリケーション

表5-4-3 開発環境

アイテム	備 考
ルネサス製 e2studio	Version:5.4.0
GNU ARM C/C++ OpenOCD Debugging	Version:4.1.4
GR-LYCHEE オフライン開発環境	下記リンクから、「e2studio」用のプロジェクトをダウンロードできる。 http://gadget.renesas.com/ja/product/lychee.html

　パソコンの「通信ターミナル」は、普段使っているもので大丈夫です。
　例では「Tera Term」を使い、図5-4-3のように設定を行ないます。
　送信時の改行コードを「CR+LF」にして、「ローカルエコー」にチェックを入れます。

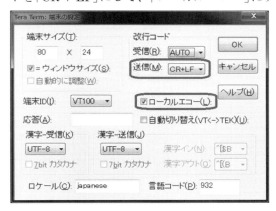

図5-4-3　パソコンの「通信ターミナル」の設定

　各コマンドは、「GR-LYCHEE」と「パソコン」をUSBケーブルでつなぎ、通信ターミナルの「コマンド・プロンプト」から行ないます。

■ デモ実行

　オフライン開発環境を使ってビルドした「バイナリ・イメージ」(binファイル)を、「GR-LYCHEE」のUSBドライブにコピーし、「リセット・ボタン」を押すと、図5-4-4の画面が表示されます。
　この時点では、アプリケーション(Blinky)はまだ起動していません。

＊

　その後、図5-4-5の手順(後述)を手動で行ない、認証が成功すると、LEDが"チカチカ"と動き出します。

第5章 「W74M」セキュア認証フラッシュメモリ

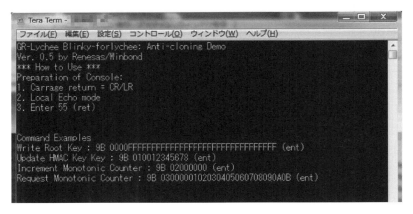

図5-4-4　デモの初期画面

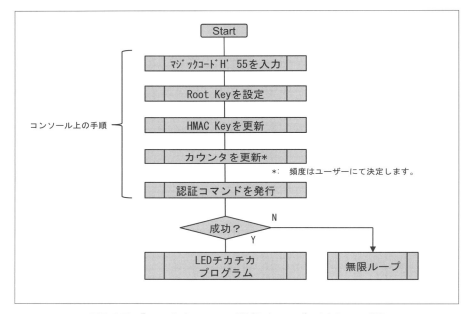

図5-4-5　「アンチ・クローニング」(セキュアブート)までの手順

●「Root鍵」の設定(Write Root Keyコマンド)

認証の第一ステップとして、「W74M」に対して「Root鍵」を設定します。

この手順は工場で1回のみ行ない、その鍵は変更することも読み出すこともできません。

そして、実際の運用では、鍵は更新して使います(Update HMAC Keyコマンド)。
その際、「W74M」は、内部に保持している「Root鍵」を参照し、計算の入力とします。

本デモでは、「Root鍵」は、ユーザーが記憶していることを前提にしているので、パワーオンリセット後、「Root鍵」の「未設定」「設定ずみ」に関わらず、初回のみ「RZ/A1LU」に記憶させる必要があります。

[5-4] 「GR-LYCHEE」+「W74M」による認証デモアプリケーション

*

　まずコマンドを伝えるために、「マジックコードH'55」を入力し、「Enterキー」を押してください。

　この手順は、本デモに限定したソフト実装上のものであり、ユーザーの利用において必ず必要なものではありません。

　その後、「Write Root Keyコマンド」を実行して、「Root鍵」を設定します。

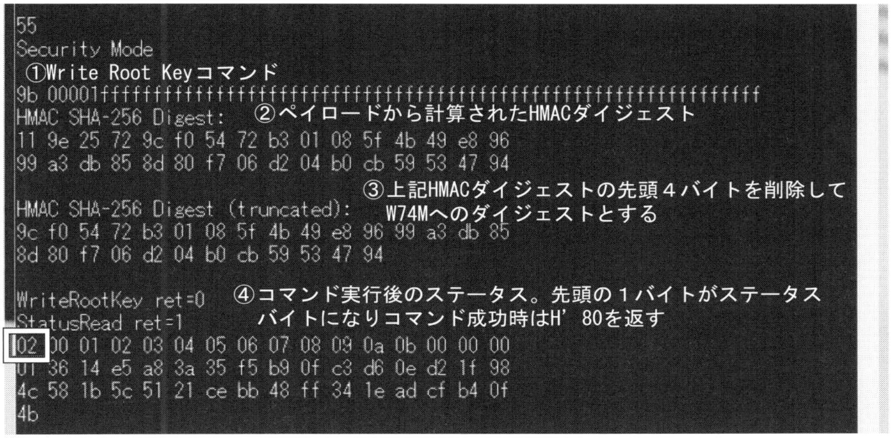

図5-4-6　「Root Key」の設定（Write Root Keyコマンド）

---

①「Write Root Keyコマンド」（H'9B + H'00）でカウンタのチャネル「H'00」に「H'1FFF_FFFF_FFFF_FFFF」の「32ビットRoot鍵」を設定。

②コマンドと設定する「Root鍵」を入力として、「ハッシュ値」（ダイジェスト）を計算（RZ/A1LU上のソフトHMAC-SHA-256）。

③先の「ダイジェスト」の先頭4バイトを削除し、メッセージ（コマンドからダイジェストを含むペイロード）を「W74M」に送信。

④コマンド発行後、「ステータスリード・コマンド」を発行。先頭バイトが「H'80」で「Root鍵」の設定を完了。

　「H'02」は「Root鍵」の上書きエラーを示す（本デモでは「Root Key」を「RZ/A1L」に記憶させる目的なので、結果を無視してよい）。

第5章 「W74M」セキュア認証フラッシュメモリ

●「HMAC鍵」の更新(Update HMAC Keyコマンド)

```
9b 010012345678  ⑤ Update HMAC Key コマンド
New HMAC Key:     ⑥  新HMAC Key
9e 9c 3a 78 9d e4 d3 ee 0d 37 a8 10 69 f4 56 d7
ba 16 5b c5 e0 58 86 58 85 1c ee 8a 18 b6 41 13

HMAC SHA-256 Digest:  ⑦  新HMAC Keyとペイロードから生成したダイジェスト
5e 68 84 9e 8a e3 4b 8b c4 14 02 40 6d 5d 50 9c
80 fb 52 bd cc 40 4a ee a5 a1 f4 b3 08 60 30 a0

UpdateHMACKey ret=1
StatusRead ret=1    ⑧ コマンド実行後のステータスリード
80 12 34 56 78 5e 68 84 9e 8a e3 4b 8b c4 14 02
40 bd 5d 50 9c 80 fb 52 bd cc 40 4a ee a5 a1 f4
b3 08 60 30 a0 21 ce bb 48 ff 34 1e ad cf b4 0f
4b

Update HMAC Key Done !
```

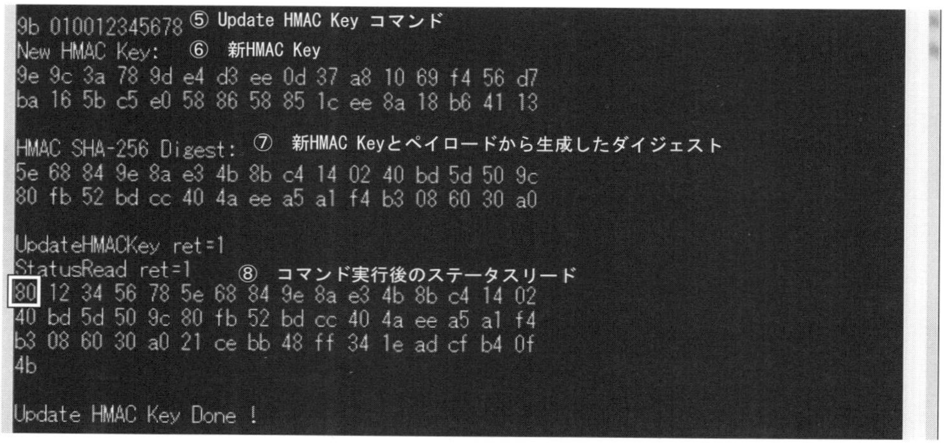

図5-4-7 「HMAC Key」の更新(Update HMAC Keyコマンド)

⑤「Update HMAC Keyコマンド」(H'9B + H'01)と乱数「H'1234_5678」を設定。

⑥「RZ/A1LU」が計算した新しい「HMAC Key」。
　　実際のアプリケーションでは内部のみで使い、適宜削除する。

⑦ダイジェストを計算し、メッセージ(コマンドからダイジェストを含むペイロード)を「W74M」に送信。

⑧コマンド発行後、「ステータスリード・コマンド」を発行。
　　先頭バイトが「H'80」で、「HMAC鍵」の更新を完了。

●「モノトニック・カウンタ」の更新(Increment Monotonic Counterコマンド)

```
9b 020000000001  ⑨Increment Monotonic Counter コマンド
HMAC SHA-256 Digest:  ⑩ ペイロードから生成したダイジェスト
01 20 ab 25 4b a0 12 92 68 ed 2c 40 69 55 42 a0
7b 48 91 f9 72 f2 93 3e 56 14 ef 48 5b 15 5b 15

IncrementMonotonicCounter ret=1
StatusRead ret=1    ⑪ コマンド実行後のステータスリード
80 00 00 00 01 01 20 ab 25 4b a0 12 92 68 ed 2c
40 69 55 42 a0 7b 48 91 f9 72 f2 93 3e 56 14 ef
48 5b 15 5b 15 21 ce bb 48 ff 34 1e ad cf b4 0f
4b

Increment MC Done !
```

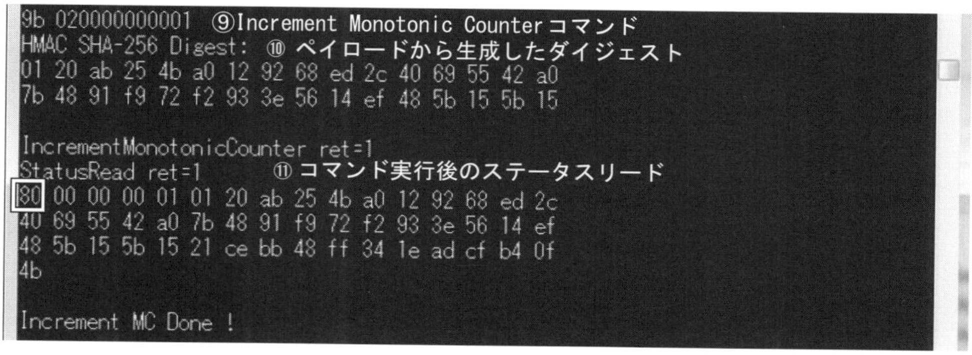

図5-4-8 「モノトニック・カウンタ」の更新(Increment Monotonic Counterコマンド)

[5-4]「GR-LYCHEE」+「W74M」による認証デモアプリケーション

⑨「Increment Monotonic Counterコマンド」(H'9B + H'02)と現在のカウンタ値「H'0000_0001」を設定.
　ホストは、このように現在のカウンタ値を記憶しておく必要がある.

⑪「ダイジェスト」を計算し、メッセージ(コマンドからダイジェストを含むペイロード)を「W74M」に送信.

⑫コマンド発行後、「ステータスリード・コマンド」を発行.
　先頭バイトが「H'80」で、カウンタ値更新を完了.

●認証(Request Monotonic Counteコマンド)

図5-4-9　認証(Request Monotonic Counteコマンド)

⑫「Request Monotonic Counterコマンド」(H'9B + H'03)と、12バイトのタグ(メッセージ)「H'0001_0203_0405_0607_0809_0a0b」を設定.

⑬「ダイジェスト」を計算し、「チャレンジ・メッセージ」(コマンドからダイジェストを含むペイロード)を「W74M」に送信.

⑭コマンド発行後、「ステータスリード・コマンド」を発行し「レスポンス」"を受信.
　先頭バイトが「H'80」で認証を完了.正常に認証ができると、ホストは最新の「カウンタ値」を知ることができる.
　最後に自身の「HMAC鍵」と「カウンタ値」から計算した「ダイジェスト」と、受け取った「ダイジェスト」を比較し、接続されている「W74M」固体の認証が完結.
　本デモではステータスバイト「H'80」をチェックした時点で、「プログラム・カウンタ」(PC)を「LEDチカチカ・プログラム」にジャンプさせています.

121

第5章 「W74M」セキュア認証フラッシュメモリ

Column 「セキュア・ブート」と「フラッシュメモリのセキュリティ」

最近は、コードやデータの正真性をチェックしながら、信頼の綱を構築してブートを行なう「Trusted Boot」(トラステッド・ブート)や「Secure Boot」(セキュア・ブート)が提唱されています。

ブートからアプリケーション実行まで、悪意のあるソフトの介入を防ぎ、改ざんのない本来の設計通りのソフト実行環境(Trusted実行環境)を維持することが目的です。

特に、ソフトのリモートアップデートでは、通信経路の途中でハッカーに攻撃の機会を与えることになります。

「セキュア・ブート」の機能を実装するには、マイクロプロセッサ側にコードやデータの改ざんを検出するための仕組み(ハッシュ関数によるダイジェスト比較)が必要になります。

また鍵を保持しておく特別なレジスタやメモリや、暗号化が必要な場合には相応するセキュリティ機能が要求されます。

*

一方、「フラッシュメモリのセキュリティ機能」と言えば、「メモリ・ブロック」を書き込み禁止にしたり、消去を禁止したりすることを意味していました。

「W74M」では発想を一歩進めて、現在のフラッシュメモリでは不可能であった「アンチ・クローニング」の実現をサポートします。

つまり、外付けフラッシュメモリの宿命である「メモリ内容読み出し」を許容しつつ、メモリ自身に「鍵」と「HMAC認証」を内蔵することで、マイクロプロセッサにメモリチップ本体を検証できる機能を付加しました。

しかし、厳密にはこのセキュリティ機能だけがあれば、「アンチ・クローニング」は万全というわけではありません。

「共通鍵」の運用方法や、実行するソフト自身の信頼性の担保(セキュア・ブート、Trusted実行環境)という、マイクロプロセッサのセキュリティ機能の連携が不可欠です。

多様な攻撃に対抗し、守るべきものの価値が増大するほど、より高度なセキュリティ機能の実装(=コスト)が必要になります。

逆に言えば、そこまでのセキュリティを考えなくてもいいが、「アンチ・クローニング」や「機器認証」をやりたいというアプリケーションも存在すると思われます。

そのような市場で、「GR-LYCHEE」と「W74M」の相乗効果が発揮できればと考えています。

第6章

カメラの仕様

この章では、「GR-LYCHEE」に付属している「レンズ付きカメラ・モジュール」(KBCR-M04VG-HPB2033)の機能とスペックについて紹介します。

6-1 「KBCR-M04VG-HPB2033」について

■「KBCR-M04VG-HPB2033」とは

「GR-LYCHEE」に付属している「KBCR-M04VG-HPB2033」は、シキノハイテック社製のカメラ・モジュール基板「KBCR-M04VG」と、台湾H.P.B. Optoelectoronics社製のレンズ「HPB2033」を組合せた、レンズ付きデジタル出力タイプのカメラ・モジュールです。

図6-1-1　KBCR-M04VG-HPB2033

■「KBCR-M04VG-HPB2033」の特徴

「KBCR-M04VG-HPB2033」は、「カラーCMOSセンサ」を搭載したレンズ付きカメラモジュールです。

「VGA」(640×480画素)サイズの画像を、最大「60フレーム/秒」で撮影可能です。

「CMOSセンサ」に、画像およびタイミング調整機能をすべて内蔵しているので、追加ハードは不要です。

第6章 カメラの仕様

「GR-LYCHEE」から「CMOSセンサ」の設定レジスタを調整することで、各種画像調整とタイミング設定ができます。

装着されているレンズ「HPB2033」は、プラスチックタイプの広角レンズで、撮影範囲は「水平画角98°、垂直画角75°」です。

「オートフォーカス・レンズ」ではないため、ピントの調整は手動でレンズを回転して行ないます。

■「KBCR-M04VG-HPB2033」の構造

「KBCR-M04VG-HPB2033」のブロック図は、次の通りです。

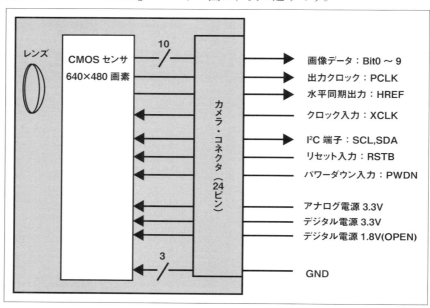

図6-1-2　ブロック図

・CMOSセンサ
　レンズを通して、撮像面に結像された「光の強弱」の情報を「電気信号」に変換する半導体撮像素子。

・カメラ・コネクタ
　「CMOSセンサ」で変換した電気信号を、「GR-LYCHEE」に接続（Molex 52892-2433（24ピン）を利用）。

・レンズ
　被写体からの光を「CMOSセンサ」の撮像面に結像。
　撮像範囲は、「水平画角98°、垂直画角75°」。

6-2 「KBCR-M04VG-HPB2033」の機能

■ 画像撮影

「KBCR-M04VG-HPB2033」は電源投入後、「リセット端子」を解除すると、「CMOSセンサ」のデフォルト設定値で撮像が開始されます。

デフォルト設定以外の画像調整やタイミング変更を行なう場合は、「GR-LYCHEE」から「I²C端子」を通して、各種レジスタ設定値を設定します(調整方法は**6-5節**で解説)。

＊

画像調整やタイミング調整が可能な、主な項目は下記の通りです。

表6-2-1　調整可能な項目の一覧

調整項目	内　容
画素数	画像を構成するドットの数。
出力形式	画像を表現する形式。YUV形式：輝度信号(Y)、青成分の色差(U)、赤成分の色差(V)による表現。RGB形式：3原色(Red、Green、Blue)による表現。Raw形式：CMOSセンサ内で変換された電気信号を加工しない形式の表現。
ゲイン	画素から出力された、電気信号の増幅度合を調整。
露光時間	画素に取り込む光の量を調整。露光時間を長くすると光の量が増加する。
ホワイトバランス	光源の色温度に応じて、白いものが白く写るように適切な色の補正を加える。
フレームレート	動画が1秒あたり何枚の(静止)画像によって構成されるかを表わす数。1秒あたりのコマ数。

上記調整項目の具体的なスペック値は、次節で詳しく説明します。

125

第**6**章 カメラの仕様

6-3 「KBCR-M04VG-HPB2033」のスペック

ここでは、「KBCR-M04VG-HPB2033」のスペックの見方を説明します。

■ カメラのスペック

「KBCR-M04VG-HPB2033」は、電気的な特性以外にカメラ特有のスペックが決められています。

表6-3-1にモジュールに関するスペック、表6-3-2にレンズに関するスペックを示します。

スペックが複数記載されている場合、左側がデフォルト設定になります。

表6-3-1 モジュールに関するスペック一覧表

項 目	スペック
画素数	640×480画素、320×240画素
画素寸法	6.0um×6.0um
イメージエリア	3.6mm×2.7mm(1/4インチ)
出力形式	YUV422(8Bit)、RGB565(8Bit)、Raw(8Bit)
フレームレート	60フレーム/秒、30フレーム/秒
ゲイン	自動調整、手動調整
露光時間	自動調整、手動調整
ホワイトバランス	自動調整、手動調整
ダイナミック・レンジ	< 60dB
感度	3.8V/(Lux・sec)
シャッター方式	ローリング・シャッター

これまで説明のなかった項目について、解説しておきます。

・イメージエリア
撮像面の大きさで、「画素数×画素寸法」で決まる。
「1/4インチ」などで表わされることもある。

・ダイナミック・レンジ
撮像可能な最も明るい信号と最も暗い信号の比。
大きいほど、1画面内の明暗を広く表現できる。

126

[6-3] 「KBCR-M04VG-HPB2033」のスペック

・感度

入力光の強さに対する、電気信号の変換比。

大きいほど、暗い環境下でも明るく撮影できる。

・シャッター方式

「ローリング・シャッター」と「グローバル・シャッター」の2種類がある。

「ローリング・シャッター」は、ラインごとに露光を行なって順次読み出しするため、画面の左上と右下で時間差が生じ、高速動体撮影時に歪みが発生する。

「グローバル・シャッター」は、全ラインを同時に露光して一括で読み出すため、画面内の時間差は生じず、高速動体撮影においても歪みは発生しない。

表6-3-2　レンズに関するスペック一覧表

項　目	スペック
レンズ構成	2群2枚(プラスチックレンズ2枚)
焦点距離	2.20mm
F/No	2.2
画角	98°(水平)、75°(垂直)
TVディストーション	-16.9%(水平)、-6.7%(垂直)
フランジバック	4.608mm
イメージエリア	3.6mm×2.7mm(1/4インチ)
光学全長	14.462mm
光学フィルタ	赤外線カットフィルタ 半値648nm
周辺光量比	66.7%

こちらも、これまで説明のなかった項目について解説しておきます。

・レンズ構成

鏡胴内に収まるレンズ全体の構成。

レンズを2枚以上貼り合わせている場合、その貼り合わせでまとめられている「レンズ群」と「レンズ枚数」で表わされる。

・焦点距離

レンズの中心である「後側主点」から、「後側焦点」(レンズの前側(物体側)から光を入れたとき集光する点)までの距離。

大きいほど「望遠レンズ」、小さいほど「広角レンズ」となる。

なお、「主点」とは、光学系を1枚の薄いレンズに置き換えた場合、その薄いレンズと光軸の交点を示す。

第6章 カメラの仕様

・F/No

　レンズの明るさを表わす数値で、レンズの「焦点距離」を「入射瞳径」で割った数値。
小さいほど、明るいレンズとなる。

・TVディストーション

　TVモニタに像を映しだしたときの画像の歪み。
値が小さいほど、歪みの小さい画像になる。

・フランジバック

　「カメラレンズ取り付け面」（マウント）から「焦点面」までの距離。

・光学全長

　「先頭のレンズ」から「CMOSセンサ撮像面」までの全長。

・光学フィルタ

　入射光の中に含まれる光の情報の一部だけを選択的に取り出し、それ以外の情報は
吸収あるいは反射によってカットする。
　「赤外線カットフィルタ」「可視光カットフィルタ」「光強度低減フィルタ」など、さま
ざまなフィルタがある。

・周辺光量比

　画面中心部に対する画面周辺部の明るさ（像面の照度）を「周辺光量」と呼び、％で表
現する。

6-4 「絵が映る仕組み」と「カメラ用語」

ここでは、「カメラ・モジュール」(KBCR-M04VG-HPB2033)の絵が映る仕組みと、カメラ用語について説明します。

■ 絵が映る仕組み

「カメラ」とは、「光の情報を記録する装置」の総称です。

「GR-LYCHEE」に付属している「KBCR-M04VG-HPB2033」は、「CMOSセンサ」を用いて光の情報を電気信号に変換して記録するタイプのカメラです。

「CMOSセンサ」は、半導体で作られた撮像用デバイスである「イメージセンサ」の一種です。

「イメージセンサ」には、「CMOSイメージセンサ」の他、「CCDイメージセンサ」があります。

「CMOSイメージセンサ」「CCDイメージセンサ」ともに、光を電気信号に変換する仕組みは同じです。

*

「イメージセンサ」は図6-4-1のように、多数の小さなマス目から構成されており、これらのマス目を「画素」や「ピクセル」(pixel)と呼び、画素数はこのマス目の数によって決まっています。

各画素で、光の情報を電気信号に変換しています。

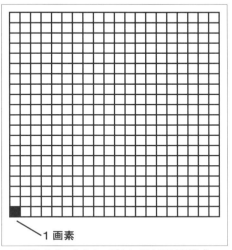

図6-4-1 「イメージセンサ」の画素構成

第6章 カメラの仕様

「イメージセンサ」は、以下の3要素から構成されています。

①光情報を電気信号に変換する「フォト・ダイオード」(半導体素子)
②光をRGB(赤、緑、青)の色成分に分解するための「カラーフィルタ」
③「フォト・ダイオード」に光を効率的に集光するための「マイクロレンズ」

以上を図で示すと、図6-4-2、図6-4-3のようになります。

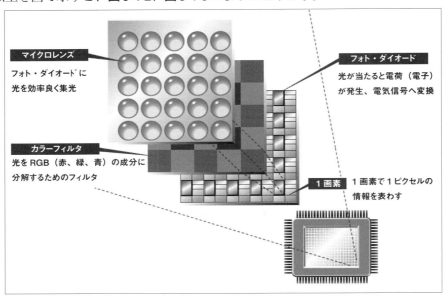

図6-4-2 「イメージセンサ」の構成

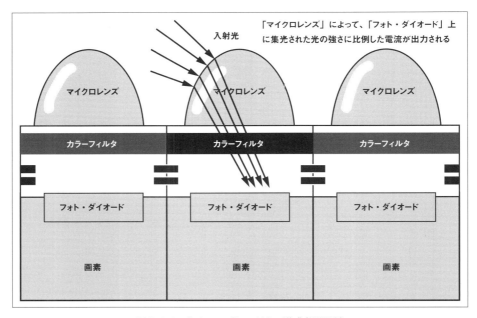

図6-4-3 「イメージセンサ」の構成(縦構造)

130

[6-4] 「絵が映る仕組み」と「カメラ用語」

＊

次に、「CMOSイメージセンサ」の基本原理を説明していきます。

図6-4-4に示す通り、「CMOSセンサ」の画素は、光を電気信号に変換する「フォト・ダイオード」と「アンプ」(増幅回路)から構成されています。

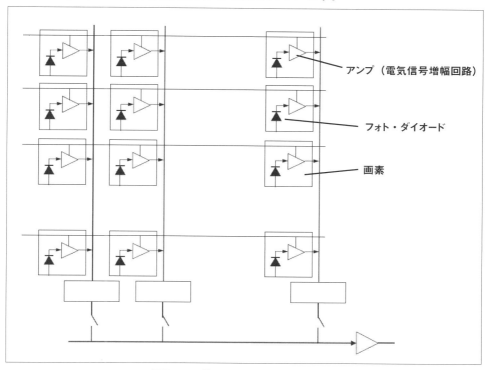

図6-4-4 「CMOSセンサ」の基本構成

画素内で「フォト・ダイオード」と「アンプ」によって光信号を電気信号(電圧)に変換して増幅し、1画素ずつ選択して読み出すことで、「CCDイメージセンサ」の弱点であった「ブルーミング」「スミア」を解消しています。

図6-4-5 「ブルーミング」と「スミア」

131

表6-4-1に、「CMOSセンサ」と「CCDセンサ」の比較を示します。

表6-4-1 「CMOSセンサ」と「CCDセンサ」の比較表

項　目		CMOSイメージセンサ	CCDイメージセンサ
動作原理		フォト・ダイオードにより電気信号へ変換	フォト・ダイオードにより電気信号へ変換
消費電力		小さい	大きい
画質	感度	一歩劣っていたが、最近は改善されている	高い
	ノイズ	多い(固定ノイズ)	少ない
	スミア	なし	あり
	ブルーミング	なし	あり
多機能化		CMOSプロセスのため容易	不可
コスト		低コスト	高コスト

■ カメラ用語の説明

重要な用語について、さらに詳しく説明します。

●焦点距離

レンズの中心である「後側主点」から、「後側焦点」までの距離。
「焦点距離」は、レンズを特徴づける最も重要な数値です。

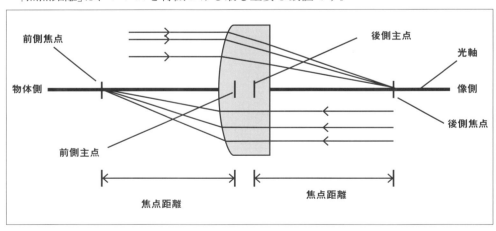

図6-4-6　焦点距離

[6-4] 「絵が映る仕組み」と「カメラ用語」

図6-4-7の通り、「焦点距離」は小さいほど、「広角レンズ」になります。

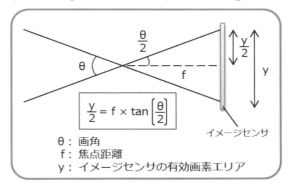

図6-4-7　「焦点距離」と「画角」の関係

●ディストーション

物体と像は相似形であることが理想ですが、実際には画面端にいくほど、像が伸びたり縮んだりしてしまいます。

これを「ディストーション」(歪曲収差)と呼び、画角の3乗に比例するため、「広角レンズ」ほど歪みが顕著に現われます。

「ディストーション」には、「光学ディストーション」と「TVディストーション」の2種類があります(「TVディストーション」については、**第3章を参照**)。

名前がよく似ていますが、定義がまったく異なるものなので、注意が必要です。

なお、「光学ディストーション」の値は、「TVディストーション」の約3倍になります。

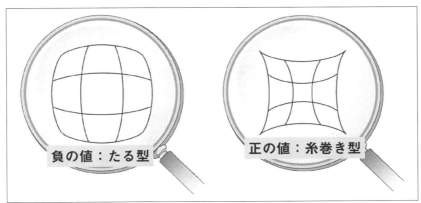

図6-4-8　ディストーション

第6章 カメラの仕様

● 感度

入力光の強さに対する、電気信号の変換比。

CMOSセンサの場合は、「V/(Lux・sec)」で表わされます。

「感度」が高いほど、暗い環境下においても鮮明な画像が撮影できます。

図6-4-9 「低感度センサ」の画像(左)と、「高感度センサ」の画像(右)

● ダイナミック・レンジ

撮像可能な「最も明るい信号」と「最も暗い信号」の比。

「CMOSセンサ」の場合、画素の容量が飽和することで「明るい信号」の限界が決まり、「暗い信号」の限界は、後述の「固定パターンノイズ」によって決まります。

最新のセンサには、「HDR(High Dynamic Range)タイプ」のものがあります。

一般的なセンサの「ダイナミック・レンジ」は「50～70dB」程度ですが、「HDRタイプ」のセンサは「100dB」を超えるものがあります。

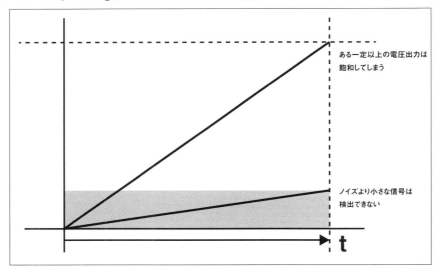

図6-4-10 ダイナミック・レンジ

[6-5] キレイに撮影するために知っておきたいこと

●ノイズ

信号の中に、本来の情報とは別に、不規則な「ゆらぎ成分」が混ざること。

イメージセンサで発生する「ノイズ」には、次の種類があります。

・固定パターンノイズ

主に製造時の各画素の「特性バラツキ」によるもので、発生する画素の位置が固定。

「CMOSセンサ」の場合は、このノイズが支配的。

・ランダムノイズ(読み出しノイズ)

発生する画素の位置が不特定(読み出すたびにランダムに発生)。

次のような要因に分けられます。

表6-4-2 「ランダムノイズ」の要因

要　因	概　要
暗電流	光が当たっていないのに流れる電流。画素ごとにバラつきがある。
リセットノイズ	画素内のキャパシタが基準電圧にリセットされる際の電圧のバラつき。
光ショットノイズ	入射光の不規則なゆらぎ成分。本質的に避けようがないとされる。

6-5　キレイに撮影するために知っておきたいこと

「KBCR-M04VG-HPB2033」は、キレイに撮影するために、いろいろな画像調整を行なうことが可能です。

ここでは、代表的な調整項目を説明していきます。

■ 画像調整とは

「KBCR-M04VG-HPB2033」は電源投入後、「リセット端子」を解除すると、「CMOSセンサ」のデフォルト設定値で撮像が開始されます。

この状態でもある程度キレイな画像が撮影できますが、「GR-LYCHEE」から「I²C端子」を通して各種レジスタ設定値を設定することで、環境に合わせた画像撮影を行なうことができます。

実際によく使われる画像調整項目と、「KBCR-M04VG-HPB2033」のデフォルト設定値を表6-5-1に示します。

「KBCR-M04VG-HPB2033」がもっている「自動画像調整機能」は、希望の画質で撮影できない場合に行ないます。

あらゆる環境において最適なパラメータを設定することは大変難しいので、限定さ

135

第6章 カメラの仕様

れた環境における調整、と考えて使ってください。

表6-5-1　画像調整項目とデフォルト設定

調整項目	内　容
ゲイン	画素から出力された電気信号の増幅度合いを調整する。 デフォルト設定：自動調整モード
露光時間	画素に取り込む光の量を調整する。 露光時間を長くすると光の量が増加。 デフォルト設定：自動調整モード
ホワイトバランス	光源の色温度に応じて、白いものが白く写るように適切な色の補正を加える。 デフォルト設定：自動調整モード

＊

それでは、具体的な画像調整方法を見ていきましょう。

■ 画像調整の方法

ここでは、基本的な2種類の画像調整方法について説明します。

「KBCR-M04VG-HPB2033」には、他にも調整可能な項目がありますので、興味のある方はデータシートを見て、いろいろ試してみてください。

●撮影画像の「明るさ」を調整する

周辺の明るさに合わせて「露光時間」「ゲイン」を調整することで、適切な明るさの画像を得ることができます。

「露光時間」の調整方法は、次の手順で行なってください。

[1]「レジスタ COM8」(0x13)のビット0を、「0」(手動モード)に設定。

[2]「レジスタ AECH」「レジスタ AEC」(各8ビット)に、以下の計算式に従って「露光時間値:Tex」を設定。

```
Tex=AEC[15:0]×Trow_interval
    AEC[15:0]={AECH[7:0],AEC[7:0]}
    Trow_interval=2×748×Tint_CLK
    Tint_CLK=TCLK×PLLMiltiplier/(2×(CLKRC[5:0]+1))
```

[6-5] キレイに撮影するために知っておきたいこと

表6-5-2 「露光時間」(Exposure Time)に関連するレジスタ

レジスタアドレス	レジスタ名	デフォルト	内　容
0x13	COM8 [0]	"1"	0:手動調整モード 1:自動調整モード
0x08	AECH[7:0]	"0"	露光時間(上位8ビット)
0x10	AEC[7:0]	"0"	露光時間(下位8ビット)
0X0D	PLLMiltiplier	"01"	00:1逓倍(PLLをバイパス) 01:4逓倍 10:6逓倍 11:8逓倍
0X11	CLKRC[5:0]	"00"	内部クロックプリスケーラ

　露光時間を長くすると、「CMOSセンサ」に取込む光の量が増えるので、撮影画像は明るくなります。

　ただし、長くしすぎると明るくなりすぎてしまい、画面が「白飛び」(真っ白になること)するので、注意してください。

*

「ゲイン」の調整方法は、次の手順で行なってください。

---

[1]「レジスタCOM8」(0x13)のビット2を、「0」(手動モード)に設定。
[2]「レジスタGAIN」にゲイン値を設定。ゲイン値の計算式は、次の通り。

```
Gain=(GAIN[7]+1)×(GAIN[6]+1)×(GAIN[5]+1)×(GAIN[4]+1)×
     (GAIN[3:0]/16+1))
```

「ゲイン・レジスタ設定」と「ゲイン値」(dB)の関係は、表6-5-3の通りです。

表6-5-3 「ゲイン値」と「S/N」(dB)の関係

レジスタアドレス	レジスタ値GAIN[7:0]	ゲイン値	dB
0x00	0000 0000	1	0
	0000 0001	1+1/16	0.375
	0000 0010	1+2/16	0.75
	0000 0011	1+3/16	1.125
	0000 0100	1+4/16	1.5
	0000 0101	1+5/16	1.875
	0000 0110	1+6/16	2.25
	0000 0111	1+7/16	2.625
	0001 1000	1+8/16	3.0

	0000 1001	1+9/16	3.375
	0000 1010	1+10/16	3.75
	0000 1011	1+11/16	4.125
0x00	0000 1100	1+12/16	4.5
	0000 1101	1+13/16	4.875
	0000 1110	1+14/16	5.25
	0000 1111	1+15/16	5.625
	0001 0000	2×(1+0/16)	6
	0011 0000	4×(1+0/16)	12
0x00	0111 0000	8×(1+0/16)	18
	1111 0000	16×(1+0/16)	24
	1111 0000	32×(1+0/16)	～30

表6-5-4 「ゲイン」に関連するレジスタ

レジスタアドレス	レジスタ名	デフォルト	内　容
0x13	COM8 [2]	"1"	0:手動調整モード 1:自動調整モード
0x00	GAIN[7:0]	"00"	ゲイン設定値
0x14	COM9[6:4]	"000"	ゲイン上限値 000: 2× 001: 4× 010: 8× 011: 16× 100: 32× 101: 設定なし 110: 設定なし 111: 設定なし

「ゲイン」を大きくすると、「フォト・ダイオード_で変換された電気信号の増幅度が上がるので、撮影画像は明るくなります。

ただし、画像データと同時に「ノイズ」も増幅されてしまうため、「ノイズ」が目立つようになります。

これを避けるため、画像を明るく撮影する場合は、「露光時間」を長くすることを優先的に調整し、可能な限り「ゲイン」は上げないように調整することを推奨します。

[6-5] キレイに撮影するために知っておきたいこと

●撮影画像の「色合い」を調整する

光源の色温度などに合わせて、RGBそれぞれの「ゲイン」を調整することで、白いものを白く撮影(ホワイトバランスを調整)できます。

たとえば、白い壁が昼間の太陽光で照らされているときと、夕日に照らされているときでは、色合いが異なるため、これを調整する場合に利用します。

＊

「ゲイン」の調整は、次の手順で行なってください。

[1]「レジスタ COM8」(0x13) のビット1を、「0」(手動モード) に設定。

[2] レジスタ青ゲイン「BLUE」(0x01)、赤ゲイン「RED」(0x02)、緑ゲイン「GREEN」(0x03) に、各色の「ゲイン値」を設定。

```
Blue Gain=BLUE[7:0]/0x40 (AWBCtrl1 [2] =1のとき)
Blue Gain=BLUE[7:0]/0x80 (AWBCtrl1 [2] =0のとき)
Red Gain=RED[7:0]/0x40 (AWBCtrl1 [2] =1のとき)
Red Gain=RED[7:0]/0x80 (AWBCtrl1 [2] =0のとき)
Green Gain=GREEN[7:0]/0x40 (AWBCtrl1 [2] =1のとき)
Green Gain=GREEN[7:0]/0x80 (AWBCtrl1 [2] =0のとき)
```

なお、「色ゲイン」は「デジタル・ゲイン」のため、最小値は「1×」となり、1倍未満は設定できません。

表6-5-5 「ホワイトバランス」に関連するレジスタ

レジスタアドレス	レジスタ名	デフォルト	内　容
0x13	COM8 [1]	"1"	0:手動調整モード 1:自動調整モード
0x01	BLUE[7:0]	"00"	青色ゲイン
0x02	RED[7:0]	"00"	赤色ゲイン
0x03	GREEN[7:0]	"00"	緑色ゲイン
0x69	Awbctrl1 [7]	"0"	0:最大色ゲイン2× 1:最大色ゲイン4×

附録 A

「クラウド」への接続

　Arm社が提供する「Mbed Device Connector」サービスを利用すると、開発者やサービス提供者がサーバを構築しなくても、「IoTデバイス」を「クラウド」に接続して管理できます。

　このサービスは「REST API」を通じて、「IoTアプリケーション」「エンタープライズ・ソフト」「Webアプリケーション」「クラウド・スタック」から、容易に統合して利用可能になります。

＊

　以降では、「GR-LYCHEE」を使った「Mbed Device Connector」サービスの使用例を解説します。

■ クラウド側のサービス

　クラウド側の接続サービスは、「https://connector.mbed.com」から利用可能で、「os.mbed.com」のアカウントを使ってログインします。

図A-1　「Mbed Device Connector」サービス

■ デバイス側の設定方法

　デバイス側は、「Mbed Client」という「Mbed Device Connector」接続用ソフトを使います。

　以下のリンクから、プログラムをインポートしてください。

https://github.com/toyowata/mbed-os-example-client-gr-lychee/

［附録A］　クラウドへの接続

■ デバイスへの「証明書のインストール」と「ビルド」

　プログラムに含まれる「security.h」には、自分のアカウントで生成した「証明書」を使います。

[1]「connector.mbed.com」にアクセスし、「My Devices」から「Security Credentials」へのリンクをクリック。

[2]「GET MY DEVICE SECURITY CREDENTIALS」ボタンをクリックし、デバイス用に生成された「証明書」を表示して、その内容を「security.h」にコピー＆ペースト。

　「security.h」には、デバイス用のエンドポイント名も含まれます。

＊

　「Mbed Device Connector」サービスでは、個々のデバイスの認識とユーザーアカウントの紐付けを行ないます。

　「GR-LYCHEE」には、Espressif Systems 社製の Wi-Fi モジュール「ESP32」が実装されているので、ネットワーク接続には「無線LAN」を使います。

[1] プログラムに含まれる「mbed_app.json」ファイルを編集し、「wifi-ssid と wifi-password 項目の「value」の部分に、実際に使う無線LANアクセスポイントの「SSID」と「PASSWORD」を設定。

[2]「Mbed CLI」の環境において、以下のコマンドでビルド。

```
$ mbed compile -m GR_LYCHEE -t GCC_ARM
```

[3] コンパイルして再生された「バイナリ・ファイル」を「GR-LYCHEE」に書き込む。
　実行時のログを取得するには、「115200 bps」「パリティなし」「8 ビットデータ」「1 ストップビット」の設定で、ターミナルソフトと接続。

[4]「GR-LYCHEE」の「リセット・ボタン」を押して、プログラムを実行。
　IPアドレスに続いて、「Registered object successfully!」が表示されたら成功。

■「Mbed Device Connector」サービスの動作確認

　「connector.mbed.com」の「Dashboard」ページをリロードすると、「My Devices」の「Connected Devices」（現在接続されているデバイス数）が増えているのが確認できます。

　「Mbed Device Connector」サービスは、Web アプリケーションからデバイスを容易に取り扱えるように、HTTP 上で「RESTful な Web インターフェイス」を提供します。

141

また、実際のWebアプリケーションを作る前段階での動作チェックに有効な、「API Console」が利用できます。

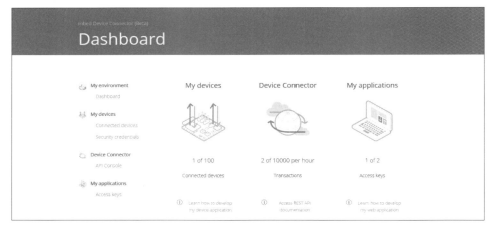

図A-2　デバイスが接続された例

■「API Console」の使用例

「API Console」を使う手順の例を示します。

[1]「Device Connector」の「API Console」を選択。

[2]「Endpoint directory lookup」をクリック。
　　　すると、利用可能な「REST API」（HTTPのコマンド）が表示される。

[3]「GET /endpoints/{endpoint-name}」をクリック。

[4]「Select endpoint ドロップダウン・リスト」をクリックすると、接続されているデバイスの「エンドポイント名」が表示されるので、それを選択し、「TEST APIボタン」を押す。

[5]「Response」の部分に、「エンドポイント」から読み出されたリソースが表示される。

[附録A] クラウドへの接続

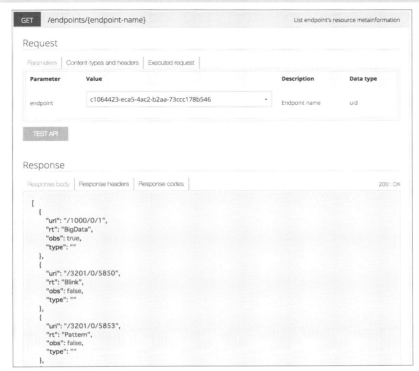

図A-3 デバイスのリソース表示例

＊

他のAPIも試してみます。

[1] デバイス側のコードには、ボード上のボタンを押した回数を返すリソースが実装されているので、「GR-LYCHEE」上の「ユーザー・ボタン」(USER_BUTTON0)を何回か押す。

[2] 「Endpoint directory lookup」の「GET /endpoints/{endpoint-name}/{resource-path}」をクリック。

[3] 「Select endpointドロップダウン・リスト」で接続されたデバイスを選択し、「Resource-path」から「/3200/0/5501」を選択。

[4] 「TEST APIボタン」を押すと、図A-4のようにデバイスからのレスポンスとともに、ボタンを押した回数が、「payload」からエンコードされて表示される。

143

附録

図A-4　デバイスからのレスポンス例

このように「Mbed Device Connector」サービスの「API Console」は、実際のWebアプリケーションを作る前の動作確認と、利用する「REST API」のデバッグ用にも効率的に使うことができます。

■ Webアプリのサンプル

他にも、以下のようなWebアプリが、サンプルとしてGitHub上で公開されています。

＜「Node.js」で記述されたWebアプリのサンプル＞

https://github.com/ARMmbed/mbed-connector-api-node-quickstart

＜「Python」で記述されたWebアプリのサンプル＞

https://github.com/ARMmbed/mbed-connector-api-python-quickstart

「Node.js」で記述されたWebアプリは、「Heroku」(www.heroku.com)のなどPaaSにデプロイすることで、スマホのWebブラウザから簡単に、「Mbed Device Connector」サービス経由でデバイスに接続できます。

図A-5　Webアプリの実行例

附録 B

Arduinoスケッチ

　第1章で解説しましたが、「GR-LYCHEE」は「Arduino互換」のピン端子をもっています。

　「ルネサス・エレクトロニクス」では、Arduinoと同じようなスケッチの開発ができるツールを提供しています。

　Arduino言語で使われる「digitalWrite」や「analogRead」「Serialクラス」といった基本的なAPIライブラリのほか、「Wire」や「SPI」「SDカードのファイル操作」など、応用的なAPIライブラリも、同様の文法で扱うことができます。

　これによって、Arduinoで動作するプログラムをほとんどそのまま、「GR-LYCHEE」でも使うことが可能です。

　Arduinoの性能では限界のあったアプリケーションも、高性能な「GR-LYCHEE」に移行することで、実現性が高くなるでしょう。

■ Webコンパイラ

　「Webコンパイラ」は、「Mbed」のオンライン・コンパイラと同様に、Webブラウザでプログラム開発ができるツールです。

　「http://gadget.renesas.com/」からログインすることで、自分だけのストレージが作られ、インターネット環境さえあれば、どこでもプログラム開発を進めることができます。

　ログインには「MyRenesasアカウント」が必要ですが、お試しで使ってみる場合は「ゲストログイン」を選びます。

　なお、「ゲストログイン」はプロジェクトが保持されないので、注意してください。

　「ログイン」では作ったプロジェクトが保持され、次回ログイン時も作成中のプロジェクトで開発を進めることができます。

145

附録

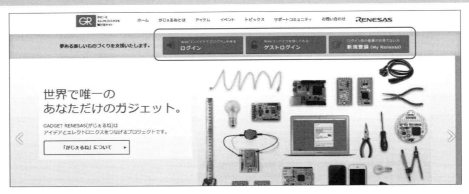

図B-1 「Webコンパイラ」のログイン画面

次の画面は、「Webコンパイラ」でのプログラム開発画面です。

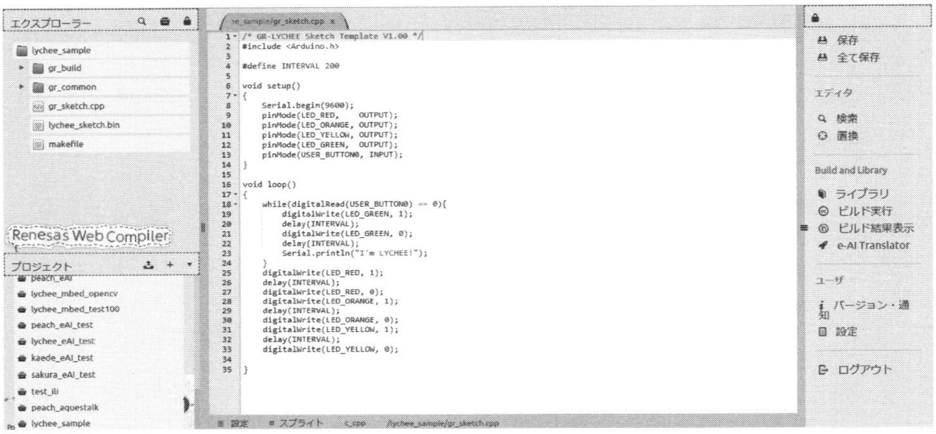

図B-2 「Webコンパイラ」のプログラム開発画面

以下のWebサイトに、最初の使い方が記載されています。

```
http://gadget.renesas.com/ja/product/lychee_sp1.html
```

■ IDE for GR

「IDE for GR」は、「Arduino IDE」と同様の操作感覚で使える、オフラインのプログラム開発環境です。

プログラムの読み込み、コンパイル、シリアルモニタでの結果表示まで、スムーズにできます。

ダウンロードは以下のWebサイトから行なってください。

```
http://gadget.renesas.com/ja/product/ide4gr.html
```

[附録B] Arduinoスケッチ

図B-3 「IDE for GR」のスケッチ画面

サンプルのプログラムも用意されており、基本的なArduinoライブラリの他に、「GR-LYCHEE」特有のカメラや「OpenCV」を使ったものもあります。

図B-4 「OpenCV」のスケッチ例の表示

147

附録

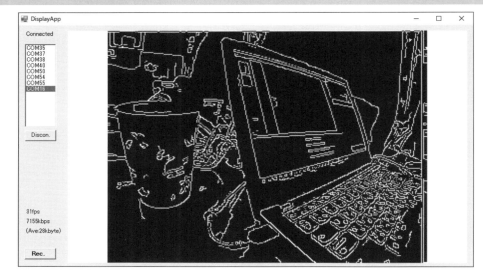

図B-5 「Cannyプログラム」(エッジ検出)の実行結果

■「Arduinoスケッチ」の例

「Arduinoスケッチ」の作り方やサンプルは、インターネット上に多く存在していますが、初めての方に向けて簡単に説明します。

＊

リストB-1は、「GR-LYCHEE」の「赤LED」を点滅するだけのプログラムです。

【リストB-1】「赤LED」を点滅するだけのプログラム

```
#include <Arduino.h>  // Webコンパイラを使う際に必要な記述

// 1度だけ実行されるsetup関数
void setup() {
  pinMode(PIN_LED_RED, OUTPUT);     //赤LEDのポートを出力
  digitalWrite(PIN_LED_RED, HIGH); //赤LEDを点灯
}

// setup関数の後に繰り返されるloop関数
void loop() {
  digitalWrite(PIN_LED_RED, LOW);  //赤LEDを消灯
  delay(200);                       //200ms待つ
  digitalWrite(PIN_LED_RED, HIGH);//赤LEDを点灯
  delay(200);                       //200ms待つ
}
```

標準的なC言語のプログラムでは、「main関数」から始まりますが、「Arduino」では一度だけ呼ばれる「setup関数」から始まり、その後、「loop関数」が繰り返し実行されます。

「pinMode」で「赤LED」を制御するポートを出力(OUTPUT)に設定し、「digital Write」でポートを「HIGH」にすることでLEDが点灯し、「LOW」にすることで消灯します。

「loop関数」内では、「delay関数」で「200ms」のウェイトを行ない、LEDの点灯と消灯を繰り返すことで「点滅」を実現しています。

このプログラムは、**第2章**の「mbed_blinky」と、同様の動作です。

*

「Mbed」と「Arduino」は、ともに「C++言語」ではありますが、提供されるAPIの仕様が違います。

どちらがより使いやすいかはユーザー次第だと思いますが、その両方を選択できる点が「GR-LYCHEE」のいいところでもあり、アイデアを実現していく上での近道になると思います。

附録C

その他の「GRリファレンス・ボード」

「GR-LYCHEE」には、姉妹版とも言える「GRリファレンス・ボード」がいくつか販売されています。

それらがどういったものなのか、簡単に紹介します。

■ GR-SAKURA

「GR-SAKURA」（ジーアール・サクラ）は、「RX63N」のMCU（マイクロ・コントローラ）を採用した「GRリファレンス・ボード」です。

「Arduino UNO」と互換性があり、各種シールドを搭載できます。

スタンダードな「GR-SAKURA」と、LANコネクタなどを搭載した「GR-SAKURA-FULL」の2種類があります。

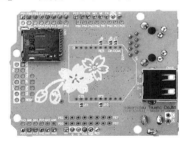

図C-1　GR-SAKURA

図C-2　GR-SAKURA-FULL

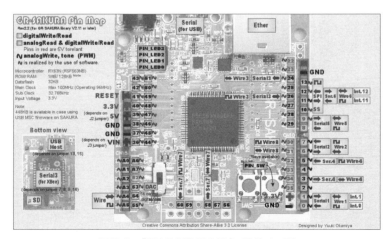

図C-3　「GR-SAKURA」ピンアサイン図

【附録C】 その他の「GRリファレンス・ボード」

● 仕様

搭載マイコン	RX63N (R5F563NBDDF P 100pin QFP)
ROM/RAM	1MB/128KB
Data flash	32KB
動作周波数	96MHz (外部発振12MHzを8逓倍)
サブクロック	32.768kHz
動作電圧	3.3V
ボード搭載	USBホスト/ペリフェラル(排他使用)、Ethernet、Micro SDソケット、XBee用インターフェイス、JTAGインターフェイス、DC電源ジャック(5V)、ユーザスイッチ、リセットスイッチ、Arduinoシールド用インターフェイス、ユーザー用LED、USBマスストレージ・ライクなプログラム書き込み

■ GR-PEACH

「GR-PEACH」(ジーアール・ピーチ)は、「RZ/A1H」(ARM Cortex-A9コア採用)を搭載し、「Arduino互換」の拡張コネクタをもつ、「Cortex-A9コアMbed対応ボード」です。

このボードも「GR-SAKURA」と同じように、「Arduino UNO」と互換性をもっているため、各種シールドの搭載が可能です。

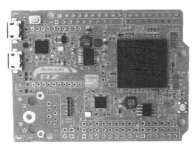

図C-4　GR-PEACH

図C-5　GR-PEACH FULL

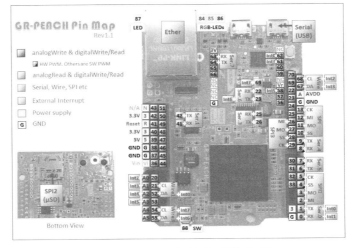

図C-6　「GR-PEACH」ピンアサイン図

附録

■ GR-KURUMI

「GR-KURUMI」(ジーアール・クルミ)は、「RL78/G13」のMCUを採用した「GRリファレンス・ボード」で、「Arduino Pro Mini」と互換性があります。

小型の基板で、電池一本で動作し、「省電力モード」「時計」「フルカラーLED」を搭載しています。

●仕様

搭載マイコン	RZ/A1H (R7S721001VCBG 324ピンBGA)
ROM/RAM	外部FLASH 8MB/内蔵10MB
動作周波数	400MHz
動作電圧	3.3V/1.18V
ボード搭載	USBホスト/ペリフェラル(排他使用)、Ethernet、XBee用インターフェイス、マイクロSDソケット、JTAGインターフェイス、ユーザースイッチ、リセットスイッチ、Arduinoシールド用インターフェイス、ユーザー用LED、USBマスストレージライクなプログラム書き込み

図C-7　GR-KURUMI

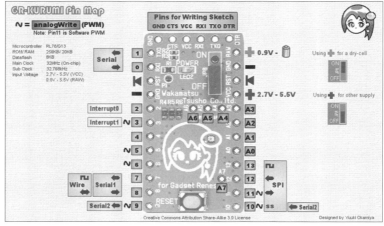

図C-8　「GR-KURUMI」ピンアサイン図

【附録C】　その他の「GRリファレンス・ボード」

●仕様

搭載マイコン	RL78/G13(R5F100GJAF B 48pin QFP)
ROM/RAM	256KB/20KB
Data flash	8KB
メインクロック	32MHz（マイコンに内蔵）
サブクロック	32.768kHz
動作電圧	2.7V〜5.5V※

※マイコンの下限は1.6Vだが、ライブラリの仕様上、2.7Vからサポート。

■ GR-KAEDE

「GR-KAEDE」（ジーアール・カエデ）は、「RXファミリRX64Mグループ」のMCUを採用した「GRリファレンス・ボード」です。

カメラ用の専用バス、オンボードSDRAMによって、最大「10fps」のVGAクラスの画像処理を可能としています。

また、「Arduino UNO」と互換性がある端子配置、ライブラリが準備されており、マイコンの専門知識がなくても導入が容易になっています。

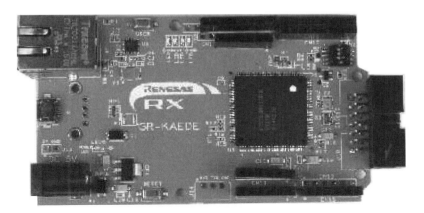

図C-9　GR-KAEDE

図C-10　オプションのカメラモジュールを利用することで、画像処理が可能になる

153

附録

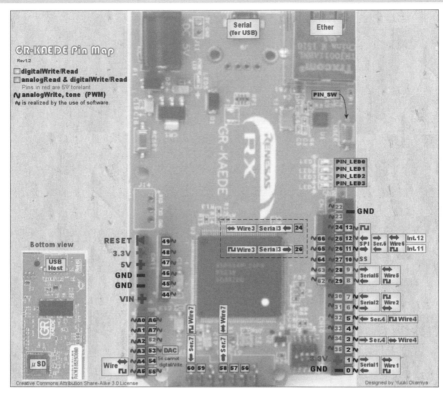

図C-11 「GR-KAEDE」ピンアサイン図

●仕様

搭載マイコン	RX64M (R5F564MLCDFB 144pin QFP)
ROM/RAM	4MB[※]/552KB
Data flash	64KB
動作周波数	96MHz(外部発振12MHzを8逓倍)
サブクロック	32.768kHz
動作電圧	3.3V
ボード搭載	USBホスト/ペリフェラル(排他使用)、Ethernet、Micro SDソケット、JTAGインターフェイス、DC電源ジャック(5V)、ユーザスイッチ、リセットスイッチ、Arduinoシールド用インターフェイス、カメラボード用インターフェイス、ユーザー用LED、USBマスストレージ・ライクなプログラム書き込み

※USBマスストレージ書き込み使用時は、約1920KBまで使用可能。

154

【附録C】 その他の「GRリファレンス・ボード」

■ GR-COTTON

「GR-COTTON」(ジーアール・コットン)は、「コイン電池」(CR2032)を取り付けることができる小型な丸い基板に「フルカラーLED」を搭載した、「GRリファレンス・ボード」です。

「GR-KURUMI」と同じく、「RL78/G13」のMCUを採用しており、Arduinoと互換性のあるスケッチができます。

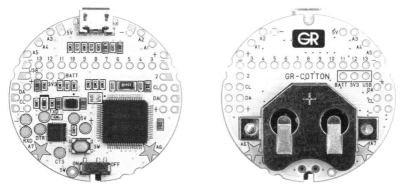

図C-12　GR-COTTON

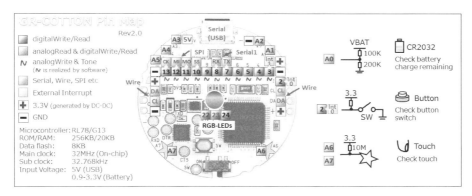

図C-13　「GR-COTTON」ピンアサイン図

●仕様

搭載マイコン	RL78/G13 (R5F100LJAFB 64pin LFQFP)
ROM/RAM	256KB/20KB
Data flash	8KB
メインクロック	32MHz（マイコンに内蔵）
サブクロック	32.768kHz
動作電圧	3.3V※

※マイコンの動作電圧は1.6V～5.5V

155

附録

■ GR-CITRUS

「GR-CITRUS」(ジーアール・シトラス)は、現在β版評価中の「GRリファレンス・ボード」です(そのため、仕様などは変更される可能性があります)。

特徴としては、「Ruby」が気軽に使える小型ボードで、Chrome Appの「Rubic」を使うことでプログラムの作成から実行までを、スムーズに行なうことができます。

また、「Ruby」だけでなく、「Arduino」と互換性のあるスケッチを作ることも可能です。

このほか、「ESP8266」を搭載したボードの「WA-MIKAN」と組み合わせることで、Wi-Fi通信やマイクロSDカードを使ったシステムをプロトタイプすることができます。

図C-14　GR-CITRUS

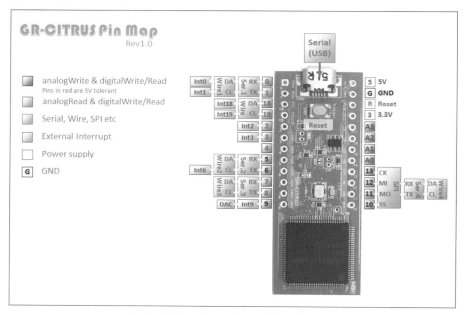

図C-15　「GR-CITRUS」ピンアサイン図

【附録C】 その他の「GRリファレンス・ボード」

●仕様

搭載マイコン	RX631 (R5F5631FDDFP 100pin QFP)
ROM/RAM	2MB/256KB
Data flash	32KB
動作周波数	96MHz(外部発振12MHzを8逓倍)
サブクロック	32.768kHz
動作電圧	3.3V
ボード搭載	リセットスイッチ、20ピン拡張インターフェイス、ユーザー用LED

*

　これらの詳細については、「がじぇっとるねさす」ページの上部メニューにある、「アイテム」から確認することができます。
　興味のある方は、参照してみてください。

http://gadget.renesas.com/ja/product/

157

索 引

50 音順

《あ行》

あ 明るさ調整 …………………………136
アクセス・プロパティ …………………72
アスペクト比 …………………………92
アンチ・クローニング …………109,115

い 一方向性関数 …………………………104
イメージエリア ………………………126
イメージセンサ …………………129,130
色合い調整 ……………………………139
インクルード処理 ………………………37

え 絵が映る仕組み ………………………129
エディタ …………………………………25

お オーディオ再生 …………………………51
音声入出力 ………………………………14
オンライン・コンパイラ ………………25

《か行》

か 顔検出 ……………………………………96
画質調整 …………………………………50
画素 ……………………………………129
画像撮影 ………………………………125
画像調整 …………………………125,135
画像の移動 ………………………………89
画像の回転 ………………………………90
画像の拡大縮小 …………………………92
画像の切り抜き …………………………94
画像の反転 ………………………………93
画像の描画 ………………………………87
画像の保存 …………………………45,85
画像の読み込み …………………………85
画像平坦化 ………………………………95
画像変換 …………………………………89
カメラ ……………………………40,123
カメラからの画像取得 …………………45
カメラからの入力画像を待つ …………45
カメラ・コネクタ ………………20,124
カメラの画質設定 ………………………66
カメラのスペック ……………………126
カメラ用語 ……………………………132
感度 ………………………………127,134

き キャッシュメモリ ………………………46
共通鍵方式 ………………………106,116

く クラウド ………………………………140
グローバル・シャッター ……………127
クロッピング ……………………………94

け ゲイン値 ………………………………137

こ 光学全長 ………………………………128
光学ディストーション ………………133
光学フィルタ …………………………128
固定パターンノイズ …………………135
固有 ID …………………………………103
コンピュータビジョン …………………73

《さ行》

し シャッター方式 ………………………127
周辺光量比 ……………………………128
焦点距離 …………………………127,132
ショート・ジャンパ ……………………21
シリアル通信 ……………………………39

す スイッチ …………………………………13
スミア …………………………………131

せ セキュア認証フラッシュメモリ ……102
セキュア・ブート ……………………122
セキュリティ技術 ……………………107
セットアップ ……………………………28

そ ソースコードの変更方法 ………………38

《た行》

た ターミナルへの情報出力 ………………39
対称鍵方式 ……………………………106
耐タンパ性 ……………………………108
ダイナミック・レンジ …………126,134
タイミング調整 ………………………125

ち チャレンジ ……………………………104
ディストーション ……………………133
デジカメ …………………………………47

《な行》

な なりすまし攻撃 ………………………111
に 認証 ……………………………………102
ね ネットワーク接続方法 …………………64
ネットワークを使ったプログラム ……71
の ノイズ …………………………………135

《は行》

は ハッシュ関数 …………………………104
ひ 非対称鍵方式 …………………………106
ふ フォト・ダイオード …………………130
フラッシュメモリのセキュリティ …122
フランジバック ………………………128
ブルーミング …………………………131
フレームレート …………………………51
プログラムのインポート ………………31
プログラムの仕組み ……………………37
プログラムの定義 ………………………31
ほ ボカシ処理 ………………………………95
ボリューム調整 …………………………55
ホワイトバランス ……………………139

《ま行》

ま マイクロ・サーボモータ制御用コネクタ ………18
む 無線コンボ・モジュール ………………13
無線接続 …………………………………57
め メッセージ認証コード ………………104
も モノトニック・カウンタ ……………120

索 引

《や行》

よ 読み出しノイズ ……………………………………135

《ら行》

ら ライブラリの定義 ………………………………………31
　　 ランダムノイズ …………………………………………135
れ レスポンス ………………………………………………104
　　 レンズ ……………………………………………………124
　　 レンズ構成 ………………………………………………127
ろ ローリング・シャッター ……………………………127

アルファベット順

《A》

API Console ……………………………………………142
Arduino 互換ピン端子 ………………………………16
Arduino スケッチ ………………………………………145
AT コマンド ……………………………………………59

《B》

BLE ………………………………………………………71

《C》

CCD イメージセンサ …………………………………129
Characteristic 番号 ……………………………………72
CMOS イメージセンサ ………………………………129
CMOS センサ …………………………………………124
Cortex-A9 ………………………………………………8

《D》

DMA ……………………………………………………46

《E》

ESP32Interface クラス ………………………………61
ESP32 シリアルブリッジ ……………………………58
ESP-WROOM-32 …………………………………13,57

《F》

F/No ……………………………………………………128

《G》

GATT プロファイル …………………………………71
GR-LYCHEE ……………………………………………7
GR-LYCHEE の構造 ……………………………………9
GR-LYCHEE の特徴 ……………………………………8
GR-LYCHEE プラットフォームページ ……………30
GR-PEACH ………………………………………………22

《H》

Haar カスケード分類器 ………………………………96
HMAC-SHA-256 ………………………………………105
HMAC 鍵 ………………………………………………120
HMAC 認証 ……………………………………………104

《I》

IDE for GR ……………………………………………146

《I》（続き）

Increment Monotonic Counter コマンド ………120
IoT ………………………………………………………24

《K》

KBCR-M04VG-HPB2033 ……………………………123

《L》

LCD コネクタ …………………………………………19
LCD の出力 ……………………………………………45
LED ……………………………………………………13
LED チカチカ …………………………………………31

《M》

Mbed …………………………………………………7,24
Mbed Device Connector ……………………………140
Mbed OS ………………………………………………25
mbed-opencv …………………………………………85
Mbed アカウント ……………………………………29
Mbed 日本語フォーラム ……………………………28
Mbed の開発サイト …………………………………26

《O》

OpenCV …………………………………………………83

《R》

Request Monotonic Counte コマンド ……………121
Root 鍵の設定 …………………………………………118
RZ/A1LU ……………………………………………8,10
RZ/A1LU の特徴 ……………………………………12

《S》

SD カードスロット ……………………………………19
SD カードの検出 ………………………………………45

《T》

Tera Term ……………………………………………117
TV ディストーション …………………………128,133

《U》

UART 通信 ……………………………………………57
Update HMAC Key コマンド ………………………120
USB2.0 コネクタ ………………………………………15
USB メモリの検出 ……………………………………45
UUID ……………………………………………………72

《W》

WAV ……………………………………………………52
Web カメラ ……………………………………………63
Web コンパイラ ………………………………………145
Wi-Fi …………………………………………………61
Write Root Key コマンド ……………………………118
W74M ……………………………………………………103
W74M の認証コマンド ………………………………112

[著者略歴]

新野　崇仁（にいの・たかひと）：第1章

(株) ドキュメントソリューションズ
回路設計とFPGA設計の仕事を主とし、趣味で基板設計、2D/3Dの
CAD設計、プログラミングを行なう、広く浅い知識の何でも屋を目指
す技術屋。
コア製品「ASURA」シリーズを始めに、RZシリーズ採用のいくつか
のプロジェクトに携わり、その経験から「GR-PEACH」「GR-LYCHEE」
の設計を担当。
「GR-PEACH」以降、限られた面積に部品を詰め込むことにある種の
喜びを感じ、「GR-LYCHEE」でその学んだ詰め込み技術を活用する。

渡會　豊政（わたらい・とよまさ）：2-1節、附録A

アーム (株)
国内半導体メーカーで10年間、表示系LSIの技術サポートに従事。
その後、外資企業でデバッガ、携帯電話用リアルタイムOSの開発
と技術サポートなどの業務を経て、2009年にアーム (株) に入社。
アプリケーションエンジニアとしてコンパイラと、統合開発環境「DS-
5」「MDK-ARM」などの開発ツールを担当。
2013年からMbedチームに加わり、ソフト開発と日本のパートナー
およびデベロッパのサポート業務に従事。

加藤　大樹（かとう・だいき）：第2章、第3章

ルネサス・エレクトロニクス (株)
2003年にNECマイクロシステム (株) に入社。組み込みエンジニア
として、「カーオーディオ」向け制御マイコンのファームウェア開発
に従事。
2014年にルネサスエレクトロニクス (株) に移籍後、「GADGET
RENESAS」や「Mbed」と連携したソフト開発を担当。
誰でも簡単にオリジナルのガジェットを作れる環境の整備を行なって
いる。

岡宮　由樹（おかみや・ゆうき）：3-3節、附録B

ルネサス・エレクトロニクス (株)
2002年に、NECに入社。「V850」車載系のマイコン用デバッグツー
ルを担当。
同年、NECエレクトロニクスに分社後も同様に、開発ツールの企画・
サポートを担当。
2010年、ルネサス・エレクトロニクスに統合後は主に開発ツールの企画
を担当し、2012年にGADGET RENESASプロジェクト発足以降、クラウ
ドツールや、ボード企画、イベントやコンテストの運営を担当。
2016年末には、「GR-LYCHEE」を企画。

佐藤　潤（さとう・じゅん）：第4章

(株) グノーモンズ
半導体メーカーでグラフィックLSI設計、マルチメディアプラット
フォーム開発に従事。
カーナビ、3D-CGゲーム、MP3プレーヤー、メディアフレームワーク、
AIなど数年おきに訪れるマイ・イノベーションを顧客、パートナーと
ともに体験、製品化。
2013年にベトナムという新興国に飛び込んで、日越同時に起業。
実践的な組み込みビジョンとAI_IoT分散アーキテクチャが起こす次の
イノベーションに期待している。

小野　真人（おの・まさと）：第5章

ウィンボンド・エレクトロニクス (株)
16年間、大手国内半導体メーカーでマイコンの営業技術、フィールド
アプリケーションエンジニアとして従事。
デジタルからアナログ、国内外顧客、幅広いアプリケーションを経験
しながらセキュリティアプリケーション開発も経験。
その後、異種業界を練り歩き、現在はウィンボンド・エレクトロニク
ス社でセキュアフラッシュメモリのマーケティングを担当。

御手洗　新一（みたらい・しんいち）：第6章

(株) シキノハイテック
2000年、当時は画質面の評価が低かったCMOSイメージセンサの
将来性を信じて、まったくカメラ開発の経験がないにも関わらず、
CMOSカメラモジュールの開発と販売を開始。
2004年、シキノハイテックに移籍後も、継続してカメラモジュールの
開発および販売に従事。

質問に関して

本書の内容に関するご質問は、
① 返信用の切手を同封した手紙
② 往復はがき
③ FAX(03)5269-6031
　（ご自宅のFAX番号を明記してください）
④ E-mail　editors@kohgakusha.co.jp

のいずれかで、工学社編集部あてにお願いします。
なお、電話によるお問い合わせはご遠慮ください。

サポートページは下記にあります。

[工学社サイト]
http://www.kohgakusha.co.jp/

I/O BOOKS

「GR-LYCHEE」ではじめる「電子工作」

平成29年12月25日　初版発行　© 2017

※定価はカバーに表示してあります。

[印刷]　シナノ印刷 (株)

著　者　　GADGET RENESAS プロジェクト
編　集　　I/O 編集部
発行人　　星　正明
発行所　　株式会社 **工学社**
〒160-0004 東京都新宿区四谷 4-28-20　2F
電　話　　(03)5269-2041 (代) [営業]
　　　　　(03)5269-6041 (代) [編集]
振替口座　00150-6-22510

ISBN978-4-7775-2038-1